动物科学职教师资本科专业培养资源开发项目（VTNE060）特色教材

动物科学

专业基础实验技能

苏建明　肖调义◎主编

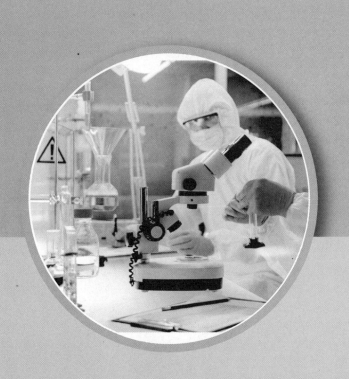

中国农业科学技术出版社

图书在版编目（CIP）数据

动物科学专业基础实验技能／苏建明，肖调义主编 . --北京：
中国农业科学技术出版社，2021.12
ISBN 978-7-5116-5436-6

Ⅰ.①动…　Ⅱ.①苏…②肖…　Ⅲ.①动物学-实验　Ⅳ.①Q95-33

中国版本图书馆 CIP 数据核字（2021）第 156718 号

责任编辑　　金　迪　张诗瑶
责任校对　　李向荣
责任印制　　姜义伟　王思文

出 版 者　中国农业科学技术出版社
　　　　　北京市中关村南大街 12 号　邮编：100081
电　　话　（010）82106625（编辑室）　　（010）82109702（发行部）
　　　　　（010）82109709（读者服务部）
传　　真　（010）82109698
网　　址　http://www.castp.cn
经 销 者　各地新华书店
印 刷 者　中煤(北京)印务有限公司
开　　本　185 mm×260 mm　1/16
印　　张　12.25
字　　数　291 千字
版　　次　2021 年 12 月第 1 版　2021 年 12 月第 1 次印刷
定　　价　85.00 元

《动物科学专业基础实验技能》
编写人员

主　　编：苏建明　肖调义

副 主 编：屠　迪

参编人员：苏建明　肖调义　屠　迪　钟元春

彭慧珍　段德勇　李晓云　周雨菁

主　　审：肖调义

前　言

　　职业教育是现代国民教育体系的重要组成部分，在实施科教兴国战略和人才强国战略中具有特殊的重要地位。大力发展职业教育，既是当务之急，又是长远大计。

　　动物科学专业是一个实践性非常强的应用型专业，专业基础课程教学目标是培养学生掌握基本原理与基本技能，同时又要强调学生具备一定的创新能力和综合技能，为后期专业课程的学习奠定扎实的基础。为探索专业基础课程的教学改革，提高动物科学专业职教师资的培养质量，湖南农业大学承担的动物科学专业职教师资培养资源开发项目（VTNE060）适时提出了编写《动物科学专业基础实验技能》教材的计划，教材的编写作为该项目的重要成果之一。

　　《动物科学专业基础实验技能》包括生物学实验基本技能、动物解剖学、动物组织与胚胎学、动物机能学和动物微生物学等课程实践教学内容。生物学实验基本技能重点介绍了实验室常见仪器设备的识别与维护、显微镜的使用、组织切片等技术，着重培养学生对仪器设备的使用操作，以及生物学基础实验的基本技能和基本方法；动物解剖学、动物组织与胚胎学、动物机能学和动物微生物学等课程实践教学的设计，兼顾理论与实践，既注重培养学生对基础知识、基本原理的掌握，又注重学生实际操作技能的训练和实验的设计与组织实施。通过基础训练使学生的基本能力得以提高，为后续专业课程的学习与拓展奠定了良好的基础。

　　本书在编写过程中参考了大量的文献，文中未逐一注释，在此表示歉意。在编写上，因作者水平有限，且编写时间仓促，书中缺点和错误在所难免，恳请广大读者批评指正。

编　者

2020 年 12 月

目　　录

模块一　生物学实验基本技能

【学习目标】

本模块要求学生通过对生物学实验基本技能的学习，熟悉生物学实验基本技能、基本方法。

【学习任务】

➤ 熟悉实验室常见仪器的识别与维护。
➤ 掌握普通光学显微镜的使用方法。
➤ 掌握基本消毒与灭菌方法。
➤ 学会生物科学绘画的基本技能。
➤ 熟悉血液样品的处理与组织匀浆的制备的基本方法。
➤ 掌握动物组织切片技术基本程序与技能。
➤ 熟悉培养基制作的要求与方法。
➤ 熟悉动物实验的一般知识与基本操作。

项目一　生物学实验常见仪器识别与保养

实验室仪器设备是学校重要的办学条件之一，是人才培养、科技创新必不可缺的工具。每个生物学相关的实验室都会涉及许多仪器设备，其种类繁多，功能各不相同。对使用设备功能认识不清，使用不当往往导致实验失败、减少仪器使用寿命，甚至损坏仪器。因此，在进行操作前细致地了解各种仪器的使用方法及注意事项，可使后续实验的准备事半功倍。下面主要介绍几种常用的仪器设备的使用与维护。

一、高压蒸汽灭菌锅

（一）操作方法

高压蒸汽灭菌锅（图1-1）又名高压灭菌锅，可分为手提式灭菌锅和立式高压灭菌锅，利用电热丝加热水产生蒸汽，并能维持一定压力的装置，主要由可以密封的桶体、压力表、排气阀、安全阀、电热丝等组成，适用于教学、科研，对医疗器械、敷料、玻璃器皿、液体培养基等进行消毒灭菌，是实验室常用的设备之一。

（1）开盖。向左转动手轮数圈，直至转动到顶，使锅盖充分提起，拉起左立柱上的保险销，向右推开横梁移开锅盖。

（2）加水。将蒸馏水直接注入灭菌锅内，同时观察控制面板上的水位灯，当加水至低水位灯灭、高水位灯亮时停止加水。当加水过多发现内胆有存水，开启下排气阀放去内胆中的多余水量。

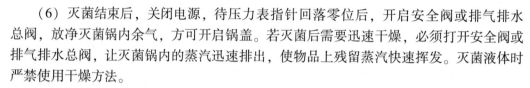

（3）放样。将灭菌物品仪器堆放在灭菌筐内，各包之间留有间隙，有利于蒸汽的穿透，提高灭菌效果。

（4）密封。把横梁推向左立柱内，横梁必须全部推入立柱槽内，手动保险销自动下落锁住横梁，旋紧锅盖。

（5）通电。接通电源，检查参数设置是否正确，然后按下 **图1-1　高压灭菌锅**
"WORK"键，灭菌锅开始工作；自动排冷气，到105℃时，底部排气阀自动关闭，然后压力开始上升。

（6）灭菌结束后，关闭电源，待压力表指针回落零位后，开启安全阀或排气排水总阀，放净灭菌锅内余气，方可开启锅盖。若灭菌后需要迅速干燥，必须打开安全阀或排气排水总阀，让灭菌锅内的蒸汽迅速排出，使物品上残留蒸汽快速挥发。灭菌液体时严禁使用干燥方法。

（二）注意事项

（1）堆放灭菌包时应注意安全阀放汽孔位置必须留出空气，保障其畅通，否则易造成锅体爆裂事故。

（2）灭菌液体时，应将液体灌装在耐热玻璃瓶中，以不超过3/4体积为宜，瓶口选用棉花塞。

（3）锅内必须要有充足的水。

（4）使用后一定要降到适合温度才可以打开。

二、超净工作台

超净工作台以其开放式台面、操作方便、洁净度高的优势广泛应用于教学、医疗、科研等产业（图1-2）。超净工作台原理是在特定的空间内，室内空气经预过滤器初滤，由小型离心风机压入静压箱，再经空气高效过滤器二级过滤，从空气高效过滤器出风面吹出的洁净气流具有一定的和均匀的断面风速，可以排除工作区原来的空气，将尘埃颗粒和生物颗粒带走，以形成无菌的、高洁净度的工作环境。超净工作区内严禁存放不必要的物品，以保持洁净气流流型不变。操作方法如下。

图1-2　超净工作台

（1）每次使用超净工作台时，实验人员应先开启超净工作台上的紫外灯，紫外照射20min后使用。

（2）开启超净工作台工作电源，关闭紫外灯，并用75%的酒精或0.5%过氧乙酸喷洒擦拭消毒工作台面。

（3）整个实验过程中，实验人员应按照无菌操作规程操作。

（4）实验结束后，用消毒液擦拭工作台面，关闭工作电源，重新开启紫外灯照射15min。

（5）如遇机组发生故障，应立即通知实验动物室，由专业人员检修合格后继续使用。

（6）实验人员应注意保持室内整洁。

三、移液枪

在进行实验时大量使用各种的移液器，主要用于多次重复快速的定量移液，单手使用，操作非常方便，且准确度高。移液枪是移液器的一种，常用于实验室少量或微量液体的移取，规格不同。不同规格的移液枪配套使用不同大小的枪头。不同生产厂家生产的移液枪形状也略有不同，但工作原理及操作方法基本一致（图1-3）。移液枪属精密仪器，使用及存放时均要小心谨慎，防止损坏，避免影响其量程。

图1-3　移液枪

（一）使用方法

（1）**量程的调节**。在调节量程时，如果要从大体积调为小体积，则按照正常的调节方法，逆时针旋转旋钮即可；但如果要从小体积调为大体积时，则可先顺时针旋转刻度旋钮至超过量程的刻度，再回调至设定体积，这样可以保证量取的最高精确度。在该过程中，千万不要将按钮旋出量程，否则会卡住内部机械装置从而损坏移液枪。

（2）**枪头的装配**。在将枪头套上移液枪时，很多人会使劲地在枪头盒子上敲几下，这是错误的做法，因为这样会导致移液枪的内部配件（如弹簧）因敲击产生的瞬时撞击力而变得松散，甚至会导致刻度调节旋钮卡住。正确的方法是将移液枪（器）垂直插入枪头中，稍微用力左右微微转动即可使其紧密结合。如果是多道（如8道或12道）移液枪，则可以将移液枪的第一道对准第一个枪头，然后倾斜地插入，往前后方向摇动即可卡紧。枪头卡紧的标志是略为超过"O"形环，并可以看到连接部分形成清晰的密封圈。

（3）**移液的方法**。移液之前，要保证移液器、枪头和液体处于相同温度。吸取液体时，移液器保持竖直状态，将枪头插入液面下2~3mm。在吸液之前，可以先吸放几次液体以润湿吸液嘴（尤其是要吸取黏稠或密度与水不同的液体时）。

（4）**移液器放置**。使用完毕，可以将其竖直挂在移液枪架上，但要小心别掉下来。当移液器枪头里有液体时，切勿将移液器水平放置或倒置，以免液体倒流腐蚀活塞弹簧。

（二）注意事项

移液枪不得移取有腐蚀性的溶液，如强酸、强碱等。如有液体进入枪体，应及时擦干。移液枪在使用过程中应轻拿轻放。需定期对移液枪进行校准。

四、pH 计

pH 计是一种常用的仪器设备，主要用来精密测量液体介质的酸碱度值，配上相应的离子选择电极也可以测量离子电极电位 MV 值，pH 计被广泛应用于环保、污水处理、科研、制药、发酵、化工、养殖、自来水等领域（图 1-4）。pH 酸度计是由电极和电计两部分组成。实验室使用的电极都是复合电极，其优点是使用方便，不受氧化性或还原性物质的影响，且平衡速度较快。使用时，

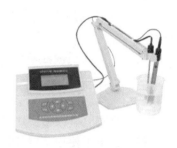

图 1-4　pH 计

将电极加液口上所套的橡胶套和下端的橡皮套全部取下，以保持电极内氯化钾溶液的液压差。

（一）使用方法

（1）测 pH 值。功能开关置 pH 挡，调节温度补偿旋钮，使旋钮所指值和被测溶液温度一致，接上 pH 复合电极（或 pH 电极、参比电极）。用去离子水（或二次蒸馏水，下同）清洗电极，再用滤纸吸干，将电极插入被测溶液中，仪器显示被测溶液的 pH 值。

（2）测离子浓度。功能开关置于 MV 挡，接上相应的离子选择电极、参比电极。用去离子水清洗电极，再用滤纸吸干，插入被测溶液中，仪器显示该离子浓度时的电极电位（MV 值）。

（二）维护和注意事项

（1）电极输入插头保持高度清洁，并保证接触良好。短期内不用时，可充分浸泡在蒸馏水或 $1×10^{-4}$ mol/L 盐酸溶液中。但若长期不用，应将其干放，切忌用洗涤液或其他吸水性试剂浸洗。

（2）使用前，检查玻璃电极前端的球泡。正常情况下，电极应该透明而无裂纹；球泡内要充满溶液，不能有气泡存在。

（3）测量浓度较大的溶液时，尽量缩短测量时间，用后仔细清洗，防止被测液黏附在电极上而污染电极。

（4）清洗电极后，不要用滤纸擦拭玻璃膜，而应用滤纸吸干，避免损坏玻璃薄膜、防止交叉污染，影响测量精度。

（5）测量中注意电极的银-氯化银内参比电极应浸入球泡内氯化物缓冲溶液中，避免电极显示部分出现数字乱跳现象。使用时，注意将电极轻轻甩几下。

（6）电极不能用于强酸、强碱或其他腐蚀性溶液。

（7）严禁在脱水性介质如无水乙醇、重铬酸钾等中使用。

（8）仪器不使用时请将选择电极插口保护帽套上。

五、电子天平

实验室中物质称重一般采用电子天平，目前实验室使用的电子天平为电磁力平衡式天平（图1-5）。其特点是称量准确可靠、显示快速清晰并且具有自动检测系统、简便的自动校准装置以及超载保护等装置。目前根据称重量程的大小可以划分为精密电子天平、常量天平、半微量天平、微量天平和超微量天平。

图1-5 电子天平

电子天平的特点是在测量被测物体的质量时不用测量砝码的重力，而是采用电磁力与被测物体的重力相平衡的原理来测量的。秤盘通过支架连杆与线圈连接，线圈置于磁场内。在称量范围内时，被测重物的重力（mg）通过连杆支架作用于线圈上，这时在磁场中若有电流通过，线圈将产生一个电磁力（F），方向向上，可用下式表示：$F = KBLI$。其中，K为常数（与使用单位有关），B为磁感应强度，L为线圈导线的长度，I为通过线圈导线的电流强度。电磁力F和秤盘上被测物体重力（mg）大小相等、方向相反而达到平衡，同时在弹性簧片的作用下使秤盘支架回到原来的位置。即处在磁场中的通电线圈，流经其内部的电流（I）与被测物体的质量成正比，只要测出电流（I）即可知道物体的质量（m）。

若称盘上的加上或除去被称物时，天平则产生不平衡状态，通过位置检测器检测到线圈在磁钢中的瞬态位移，经PID调节器和前置放大器产生一个变化量输出，经过一系列处理使流经线圈的电流发生变化，这样使电磁力也随之变化并与被测物相抵消从而使线圈回到原来的位置，达到新的平衡状态。这就是电子天平的电磁力自动补偿电路原理。电流的变化则通过数字显示出被称物体的质量。电子天平在使用过程中，其传感器和电路在工作过程中受温度影响，或传感器随工作时间变化而产生的某些参数的变化，以及气流、振动、电磁干扰等环境因素的影响，都会使电子天平产生漂移，造成测量误差。

（一）使用方法

（1）调整地脚螺栓高度，使水平仪内空气气泡位于圆环中央。

（2）接通电源，按开关键，直至全屏自检。

（3）天平在初次接通电源或长时间断电后，至少需要预热30min。为取得理想的测量结果，天平应保持在待机状态。

（4）首次使用天平必须进行校正，按校正键"CAL"，BS系列电子平将显示所需校正砝码质量，放上砝码直至出现"g"，校正结束。BT系列电子天平自动进行内部校准直至出现"g"，校正结束。

（5）使用除皮键 "Tare"，除皮清零。放置样品进行称量。

（6）天平应一直保持通电状态（24h），不使用时将开关键关至待机状态，使天平保持保温状态，可延长天平使用寿命。

（二）注意事项

（1）将天平置于稳定的工作台上，避免振动、气流及阳光照射。

（2）在使用前，调整水平仪气泡至中间位置，否则读数不准。

（3）电子天平使用时，称量物品的重心，必须位于秤盘中心点；称量物品时应遵循逐次添加原则，轻拿轻放，避免对传感器造成冲击；且称量物不可超出称量范围，以免损坏天平。

（4）称量易挥发和具有腐蚀性的物品时，要盛放在密闭的容器中，以免腐蚀和损坏电子天平。另外，若有液体滴于称盘上，应立即用吸水纸轻轻吸干，不可用抹布等粗糙物擦拭。

（5）每次使用完天平后，应对天平内部、外部及周围区域进行清理，不可把待称量物品长时间放置于天平周围，影响后续使用。

六、分光光度计

分光光度法是通过测定被测物质在特定波长处或一定波长范围内光的吸收度，对该物质进行定性或定量分析。常用的波长范围：$200\sim380nm$ 的紫外光区，$380\sim780nm$ 的可见光区，$2.5\sim25\mu m$ 的红外光区。所用仪器为紫外分光光度计、可见光分光光度计（或比色计）、红外分光光度计或原子吸收分光光度计。

钨灯的发射光谱：钨灯光源所发出的 $400\sim760nm$ 波长的光谱光通过三棱镜折射后，可得到由红、橙、黄、绿、蓝、靛、紫组成的连续色谱，该色谱可作为可见光分光光度计的光源。

氢灯（或氘灯）的发射光谱：氢灯能发出 $185\sim400nm$ 波长的光谱可作为紫外光光度计的光源。

当光线通过透明溶液介质时，其中一部分光可透过，另一部分光被吸收，这种光波被溶液吸收的现象可用于某些物质的定性及定量分析。

（一）分光光度法原理

分光光度法所依据的原理是 Lambert-Beer 定律。该定律阐明了溶液对单色光吸收的多少与溶液的浓度及液层厚度之间的定量关系。

1. Lambert 定律（朗伯定律）

当一束单色光通过透明溶液介质时，由于一部分光被溶液吸收，所以光线的强度就减弱。当溶液浓度不变时，透过的液层越厚，则光线的减弱越显著。

设光线原来的强度为 I_0（入射光强度），通过厚度为 L 的液层后，其强度为 I（透过光强度），则 I/I_0 表示光线透过溶液的程度，用 T 表示：

$$T = \frac{I}{I_0}$$

透光度的负对数（$-\lg T$）与液层的厚度呈正比，即：

$$-\lg T = -\lg \frac{I}{I_0} = \lg \frac{I}{I_0} \propto L$$

将上式写成等式，得

$$\lg \frac{I_0}{I} = k_1 L$$

式中 k_1 为比例常数，其值决定于入射光的波长、溶液的性质和浓度以及溶液的温度等。$\lg \frac{I_0}{I}$ 称为吸光度（A）或光密度（D）。所以，

$$A（或 D）= k_1 L \qquad\qquad (1-1)$$

式（1-1）表明，当溶液的浓度不变时，吸光度与溶液液层的厚度成正比，这就是 Lambert 定律。

2. Beer 定律（比尔定律）

当一束单色光通过透明溶液介质时，溶液液层的厚度不变而溶液浓度不同时，溶液的浓度越大，则透射光的强度越弱，其定量关系为：

$$\lg \frac{I_0}{I} = k_2 C$$

$$A（或 D）= k_2 C \qquad\qquad (1-2)$$

式（1-2）中 C 为溶液浓度；k_2 为比例常数，其值决定于入射光的波长、溶液的性质、液层厚度及溶液温度等。

式（1-2）说明，当溶液的液层厚度不变时，吸光度与溶液的浓度成正比，这就是 Beer 定律。

3. Lambert-Beer 定律（朗伯-比尔定律）

如果同时考虑液层厚度和溶液浓度对光吸收的影响，则必须将 Lambert 定律和 Beer 定律合并起来。得到：

$$\lg \frac{I_0}{I} = kCL$$

$$A（或 D）= kCL \qquad\qquad (1-3)$$

即吸光度与溶液的浓度和液层的厚度的乘积呈正比，这就是 Lambert-Beer 定律。

式（1-3）中 k 为比例常数。若将 k 写成 E，则

$$A（或 D）= ECL \qquad\qquad (1-4)$$

式（1-4）中 E 称为物质的吸光系数。不同物质，有不同的吸光系数，E 值越大，说明溶液对光吸收越强。

（二）721 分光光度计（图 1-6）操作维护

1. 使用方法

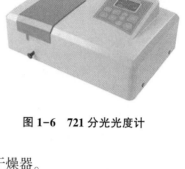

（1）接通电源，打开仪器开关，掀开样品室暗箱盖，预热 10min。

（2）根据测定需要调整好波长。

（3）在暗箱盖开启状态下调节透光度到零，盖上样品室盖，调节透光度为 100。

图 1-6　721 分光光度计

（4）数据稳定后逐步拉出样品滑杆，分别读出测定管的光密度值，并记录。测定完毕，处理好比色皿，先关闭仪器电源开关，再拉下电源总开关，放置好干燥器。

（5）清理台面，盖好仪器罩，做好使用登记。

2. 维护

（1）定期更换样品室内干燥剂。

（2）防止样品室腐蚀，避免液体溅入样品室，一旦溅入液体立即擦干。

七、离心设备

离心技术是在生物学研究中应用很广泛的分离技术，常用于高分子物质（蛋白质、核酸）以及细胞或亚细胞成分的分离、提纯和鉴定（图 1-7）。离心机按转子速度不同可分为普通离心机（转速一般可达 4 000 r/min）、高速离心机（转速可达 20 000 r/min）、超速离心机（转速可达 70 000 r/min 或更高）。后两类离心机的应用日益广泛，已成为现代生物学研究的重要手段。

离心技术是利用离心机转子高速旋转时产生的强大离心力，来达到物质分离的目的。物质颗粒在单位离心力作用下

图 1-7　冷冻离心机

的沉降速度称为该物质的沉降系数，其单位为 Svedberg，符号为 S。每克溶质分子在 1dyn（达因，$1dyn = 10^{-5}N$）离心力的力场中沉降速度为每秒 $10\sim13cm$，其沉降速度定为 1S［$1S = 1\times(10\sim13)$ cm/（s·dyn·g）］。不同物质，由于粒子大小、形状、密度不同以及介质的密度和黏度不同，其 S 值也不同。因此，在同样的离心力作用下，其沉降速度也不同（表 1-1）。例如，水中各种亚细胞成分的 S 值有很大差别，细胞核约为 107S，线粒体约为 105S，而多核蛋白体仅为 102S。所以在离心时，细胞核比其他两种亚细胞成分沉降快得多。

表 1-1 几种常见的制备性离心技术及其性质

名称	最大转速（r/min）	最大离心场强（×g）	转子的温度控制	沉降分离物	注意事项
低速离心	4 000~6 000	3 000~7 000	室温，但长时间离心温度升高	快速沉降物如酵母、真核细胞、细胞壁碎片和粗沉物等	注意样品热变性和离心管的平衡
低速冷冻离心	6 000	6 500	转子位于冷冻室中		离心管的平衡
高速冷冻离心	25 000	60 000	转子位于冷冻室中	微生物、较大细胞器（如叶绿体）和硫酸铵沉淀等	离心管的精确平衡
制备性超速离心	80 000	600 000	转子位于真空密闭冷冻室内，以避免相对空气流的升温作用	病毒、小细胞器（如核糖体）等	离心管的精确平衡

八、电泳装置

带电颗粒在电场作用下向着与其电性相反的电极移动的现象称为电泳。利用电泳现象使物质分离的技术统称为电泳技术。利用电泳技术可分离许多生物物质，包括氨基酸、多肽、蛋白质、脂类、核苷、核苷酸及核酸等，并可用于分析物质的纯度和分子质量的测定等。电泳技术是生物化学与分子生物学中的重要研究方法之一。

1937 年瑞典的 Tiselius 成功地研制了界面电泳仪进行血清蛋白电泳。Wielamd 和 Kanig 等于 1948 年采用滤纸条作为载体，成功地进行了纸上电泳。从那时起，电泳技术逐渐被人们所接受并予以重视，继而发展以滤纸、各种纤维素粉、淀粉凝胶、琼脂和琼脂糖凝胶、醋酸纤维素薄膜、聚丙烯酰胺凝胶等固体物质作为支持载体，结合增染试剂如银染色、考马斯亮蓝染色等大大提高和促进生物样品着色与分辨能力。此外，电泳分离和免疫反应相结合，以及 20 世纪 80 年代发展起来的毛细管电泳技术，使分辨率不断朝着微量（1ng）和超微量（0.001ng）水平发展，从而使电泳技术获得迅速推广和应用。

带电分子由于各自的电荷和形状大小不同，在电泳过程中具有不同的迁移速度，形成了依次排列的不同区带而被分开。即使两个分子具有相似的电荷，如果它们的分子大小不同，所受的阻力不同，则迁移速度也不同，在电泳过程中就可以被分离。

目前所采用的电泳方法，大致可分为三类：显微电泳、自由界面电泳和区带电泳。其中区带电泳操作简便，容易推广，因此常用于分离鉴定。这里基于支持物的物理性状、装置形式、pH 值的连续性等不同，可将区带电泳分为不同电泳类型。按支持物物理性状可分为滤纸及其他纤维素薄膜电泳、凝胶电泳、粉末电泳和线丝电泳；按支持物的装置形式可分为平板式电泳（图 1-8）、垂直板式电泳、连续-流动电泳和圆盘电泳；

按 pH 值的连续性可分为连续 pH 值电泳、非连续 pH 值电泳。

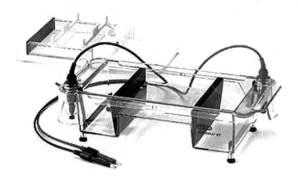

图 1-8 水平电泳槽

项目二 普通光学显微镜的使用

现代普通光学显微镜利用目镜和物镜两相透镜系统来放大成像，故又常被称为复式显微镜。它们由机械装置和光学系统两大部分组成。

一台显微镜包括机械装置和光学系统两大部分（图 1-9）。

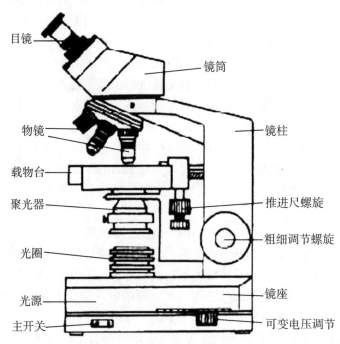

图 1-9 光学显微镜

一、机械部分

1. 镜筒

为显微镜上部圆形中空的长筒，筒口上端安装目镜，下端与物镜转换器相连。作用是保护成像的光路与亮度。

2. 转换器

固着在镜筒下端，分两层，上层固着不动，下层可自由转动。转换器上有 2~4 个圆孔，用来安装不同倍数的低倍或高倍物镜。

3. 粗准焦螺旋

位于镜臂的上方，可以转动，以使镜筒能上下移动，从而调节焦距。

4. 细准焦螺旋

位于镜臂的下方，它的移动范围较粗准焦螺旋小，可以细调焦距。

5. 镜座

位于镜臂的下方，显微镜的底部，呈马蹄形的金属座。用以稳固和支撑镜身。

6. 镜柱

从镜座向上直立的短柱。上连镜臂，下连镜座，可以支撑镜臂和载物台。

7. 倾斜关节

镜柱和镜臂交界处有一个能活动的关节。它可以使显微镜在一定的范围内后倾（一般倾斜不得超过 45°）便于观察。但是在使用临时封片观察时，禁止使用倾斜关节，尤其是装片内含酸性试剂时严禁使用，以免污损镜体。

8. 载物台

从镜臂向前方伸出的金属平台。呈方形或圆形，是放置玻片标本的地方。其中央具有通光孔，在通光孔的左右有一个弹性的金属压片夹，用来压住载玻片。较高级的显微镜，在载物台上常具有推进器，它包括夹片夹和推进螺旋，除夹住切片外，还可使切片在载物台上移动。

二、光学部分

1. 目镜

安装在镜筒上端的镜头。是由一组透镜组成的，它可以使物镜成倍地分辨、放大物像，如 5×、10×、15×、20×。

2. 物镜

决定显微镜质量的关键部件。安装在转换器的孔上，也是由一组透镜组成的，能够把物体清晰地放大。一般有 4 个放大倍数不同的物镜，即低倍物镜（4×或 10×）、高倍物镜（40×或 60×）和油浸物镜（90×或 100×），根据需要可选择 1 个使用。显微镜的放大倍数是目镜倍数乘以物镜的倍数。

3. 反光镜

在聚光器的下面有 1 个一面平另一面凹的双面圆镜即为反光镜，可做各种方向的翻转，光线较强时使用平面镜，反之使用凹面镜。

4. 聚光器

由凹透镜组成的，它可以集中反光镜投射来的光线。在镜柱前面有一个聚光器调节螺旋，它可以使聚光器升降，用以调节光线的强弱，下降时明亮度降低，上升时明亮度加强。

5. 光圈

圆盘状，上面有大小不等的圆孔（光圈），使用时移动其把柄，可控制聚光器透镜的通光范围，用以调节光的强度。光圈下常附有金属圈，其上装有滤光片，可调节光源的色调。

在显微镜的光学系统中，物镜的性能最为关键，它直接影响着显微镜的分辨率。而在普通光学显微镜通常配置的几种物镜中，油镜的放大倍数最大，对微生物学研究最为重要。除病毒外，观察细菌等微生物的形态染色特征等均需要用油镜。外形上油镜头最长，镜头的晶片和透光口径最小，镜头下方刻有一圈白色或其他色的线，写有 "100×" 或 "oil" 字样。

【任务要求】

（1）熟悉普通台式显微镜的结构、各部分的功能和使用方法。
（2）学习并掌握显微镜油镜的原理和使用方法。

【油镜的工作原理】

与其他物镜相比，油镜的使用比较特殊，需在载玻片与镜头之间滴加镜油，这主要有如下两方面的原因。

1. 增加照明度

油镜的放大倍数可达 100×，放大倍数这样大的镜头，焦距很短，直径很小，但所需要的光照强度却最大。从承载标本的玻片透过来的光线，因介质密度不同（从玻片进入空气，再进入镜头），有些光线会因折射或全反射，不能进入镜头，致使在使用油镜时会因射入的光线较少，物像显现不清。所以为了减少通过光线的损失，在使用油镜时需要油镜与玻片之间加入与玻璃的折射率（n = 1.55）相仿的镜油（通常用香柏油，其折射率 n = 1.52）。

2. 增加显微镜的分辨率

显微镜的分辨率或分辨力是指显微镜能辨别两点之间的最小距离的能力。高倍镜只能分辨出距离不小于 $0.4\mu m$ 的物体，以香柏油作为镜头与玻片之间介质的油镜的分辨率可达 $0.2\mu m$ 左右。

【训练材料】

1. 菌种

金黄色葡萄球菌（*Staphylococcus aureus*）及枯草芽孢杆菌（*Bacillus subtilis*）染色玻片标本。链霉菌（*Streptomycete*）及青霉（*Penicillium*）的水封片。

2. 溶液或试剂

香柏油、二甲苯。

3. 仪器或其他用具

显微镜、擦镜纸等。

【操作训练】

1. 观察前的准备

（1）显微镜的安置。置显微镜于平整的实验台上，镜座距实验台边缘的 3~4cm，镜检时姿势端正。取、放显微镜时应一手握住镜臂，一手托住底座，使显微镜保持正立、平衡。切忌用单手拎提；且不论使用单筒显微镜或双筒显微镜均应双眼同时睁开观察，以减少眼睛疲劳，也便于边观察边绘图或记录。

（2）光源调节。安装在镜座内的光源灯可通过调节电压以获得适当的照明亮度，而使用反光镜采集自然光或灯光作为照明光源时，根据光源的强度及所用物镜的放大倍数选用凹面或凸面反光镜并调节其角度，使视野内的光线均匀，亮度适宜。

（3）根据使用者的个人情况，调节双筒显微镜的目镜。双筒显微镜的目镜间距可以适当调节，而左目镜上一般还配有屈光度调节环，可以适应眼距不同或两眼视力有差异的不同观察者。

（4）聚光器数值孔径值的调节。调节聚光器虹彩光圈值与物镜的数值孔径值相符或略低，有些显微镜的聚光器只标有最大数值孔径值，而没有具体的光圈数刻度。使用这种显微镜时可在样品聚焦后取下一目镜，从镜筒中一边看着视野，一边缩放光圈，调整光圈的边缘与物镜边缘黑圈相切或略小于其边缘。因为各物镜的数值孔径值不同，所以每转换一次物镜都应进行这种调节。

在聚光器的数值孔径值确定后，若需改变光照强度，可通过升降聚光器或改变光源亮度来实现，原则上不应再通过虹彩光圈调节。当然，有关虹彩光圈、聚光器高度及照明光源亮度的使用原则也不是固定不变的，只要能获得良好的观察效果，有时也可根据不同的具体情况灵活运用，不一定拘泥不变。

2. 显微观察

在目镜保持不变的情况下，使用不同放大倍数的物镜所能达到的分辨率及放大率都是不同的。一般情况下，特别是初学者，进行显微观察时应遵守从低倍镜到高倍镜再到油镜的观察程序，因为低倍数物镜视野相对大，易发现目标及确定检查的位置。

（1）低倍镜观察。将金黄色葡萄球菌染色标本玻片置于载物台上，用标本夹夹住，移动推进器使观察对象处在物镜的正下方。下降10×的物镜，使其接近标本，用粗调节器慢慢升起镜筒，使标本在视野中初步聚焦，再使用细调节器调节至图像清晰。通过玻片夹推进器慢慢移动玻片，认真观察标本各部位，找到合适的目标物，仔细观察并记录所观察的结果。

在任何时候使用粗调节器聚焦物像时，必须养成先从侧面注视小心调节物镜靠近标本，然后用目镜观察，慢慢调节物镜离开标本进行聚焦的习惯，以免因一时的误操作而损坏镜头及玻片。

（2）高倍镜观察。在低倍镜下找到合适的观察目标并将其移至视野中心后，轻轻转动物镜转换器将高倍镜移至工作位置。对聚光器光圈及视野亮度进行适当调节后微调细调节器使物像清晰，利用推进器移动标本仔细观察并记录所观察到的结果。

在一般情况下，当物像在一种物镜中已清晰聚焦后，转动物镜转换器将其他物镜转到工作位置进行观察时，物像将保持基本聚焦的状态，这种现象称为物镜的同焦。利用这种同焦现象，可以保证在使用高倍镜或油镜等放大倍数高、工作距离短的物镜时仅用细调节器即可对物像清晰聚焦，从而避免由于使用粗调节器时可能的误操作而损坏镜头或载玻片。

（3）油镜观察。在高倍镜或低倍镜下找到要观察的样品区域后，用粗调节器将镜筒升高然后将油镜转到工作位置。在待观察的样品区域加滴香柏油，从侧面注视，用粗调节器将镜筒小心地降下，使油镜浸在镜油中并几乎与标本相接。将聚光器升至最高位置并开足光圈，若所用聚光器的数值孔径值超过1.0，还应在聚光镜与载玻片之间也滴加香柏油，保证其达到最大的效能。调节照明使视野的亮度合适，用粗调节器将镜筒徐徐上升，直至视野中出现物像并用细调节器使其清晰聚焦为止。

有时按上述操作还找不到目标物，则可能是由于油镜头下降还未到位，或因油镜上升太快，以至眼睛捕捉不到一闪而过的物像。遇此情况，应重新操作。另外，应特别注意不要因在下降镜头时用力过猛，或调焦时误将粗调节器向反方向转动而损坏镜头及载玻片。

3. 显微镜用毕后的处理

（1）上升镜筒，取下载玻片。

（2）用擦镜纸拭去镜头上的镜油，然后用擦镜纸蘸少许二甲苯（香柏油溶于二甲苯）擦去镜头上残留的油迹，最后再用干净的擦镜纸擦去残留的二甲苯。切忌用手或其他纸擦拭镜头，以免使镜头沾上污渍或产生划痕，影响观察。

（3）用擦镜纸清洁其他物镜及目镜；用绸布清洁显微镜的金属部件。

（4）将各部分还原，反光镜垂直于镜座，将物镜转成"八"字形，再向下旋。同时把聚光镜降下，以免物镜与聚光镜发生碰撞。

【实验报告】

分别绘出在低倍镜、高倍镜和油镜下观察的金黄色葡萄球菌、枯草芽孢杆菌、链霉菌及青霉的形态，包括在 3 种情况下视野中的变化，同时注明放大倍数。

【思考题】

（1）用油镜观察时应注意哪些问题？在载玻片和镜头之间加滴什么油？起什么作用？

（2）试列表比较低倍镜、高倍镜及油镜各方面的差异。为什么在使用高倍镜及油镜时应特别注意避免粗调节器的误操作？

（3）什么是物镜的同焦现象？它在显微镜观察中有什么意义？

（4）影响显微镜分辨率的因素有哪些？

（5）根据实验体会，谈谈应如何根据所观察微生物的大小，选择不同的物镜进行有效的观察。

项目三　消毒与灭菌

消毒与灭菌两者的意义有所不同。消毒一般指消灭病原菌和有害微生物的营养体，灭菌则是指杀灭一切微生物的营养体、芽孢和孢子。消毒与灭菌的方法很多，一般可分为加热、过滤、照射和使用化学药品等方法。

一、加热灭菌法

1. 干热灭菌

有火焰烧灼灭菌和热空气灭菌两种。火焰烧灼灭菌适用于接种环、接种针和金属用具，如镊子等，无菌操作时的试管口和瓶口也在火焰上做短暂烧灼灭菌。涂布平板用的玻棒也可在蘸有乙醇后进行灼烧灭菌。通常所说的干热灭菌是在电烤箱内利用高温干燥空气（160~170℃）进行灭菌，此法适用于玻璃器皿如吸管和培养皿等。培养基、橡胶制品、塑料制品不能用干热灭菌。

2. 湿热灭菌

（1）高压蒸汽灭菌法。将物品放在密闭的高压蒸汽灭菌锅内，0.1MPa、121℃保持15~30min 进行灭菌。适用于培养基、工作服、橡胶制品、玻璃器皿等的灭菌。

（2）常压蒸汽灭菌法。在不具备高压蒸汽灭菌的情况下，常压蒸汽灭菌是一种常用的灭菌方法。适用于明胶培养基、牛乳培养基、含糖培养基等。这种方法可用阿诺氏流动蒸汽灭菌器或普通蒸笼进行灭菌。由于常压，其温度不超过 100℃，仅能使大多数微生物被杀死，而细菌芽孢却不能在短时间内被杀死，因此可采用间歇灭菌以杀死细菌芽孢，达到彻底灭菌的目的。

常压间歇灭菌是将灭菌培养基放入灭菌器内，每天加热 100℃、30min，连续 3d，第 1 天加热后，其中的营养体被杀死，将培养物取出放室温下 18~24h，使其中的芽孢发育成营养体，第 2 天再加热 100℃、30min，发育的营养体又被杀死，但可能仍留有芽孢，故再重复一次，使彻底灭菌。

（3）煮沸消毒法。注射器和解剖器械等可用煮沸消毒法。一般煮沸消毒时间为10~15min，可以杀死细菌所有营养体和部分芽孢。如延长煮沸时间，并在水中加入1%碳酸氢钠或2%~5%石炭酸，效果更好。

（4）超高温杀菌（UHTS）。指在温度和时间标准分别为135~150℃和2~8s的条件下对牛乳或其他液态食品（如果汁及果汁饮料、豆乳、茶、酒及矿泉水等）进行处理的一种工艺，其最大优点是既能杀死产品中的微生物，又能较好地保持食品品质与营养价值。基本原理是建立在食品品质及营养成分等不遭受热力破坏的温度与微生物受热死亡的温度二者之间差异很大这一规律之上的。超高温杀菌自20世纪80年代以来已在世界各国广泛应用，适用于橘子汁、猕猴桃汁、荔枝汁、菊花茶、牛乳等生产。

二、过滤除菌法

许多材料如血清、抗生素及糖溶液等用加热消毒灭菌方法，均会被热破坏，因此采用过滤除菌的方法。应用最广泛的过滤器有以下2种。

1. 蔡氏（Seitz）过滤器

该滤器是石棉制成的圆形滤板节和一个特制的金属（银或铝）漏斗组成，分上、下两节，过滤时，用螺旋把石棉板紧紧夹在上、下两节滤器之间，然后将溶液置于滤器中抽滤。每次过滤必须用一张新滤板。根据其孔径大小，滤板分为3种型号：K型最大，作一般澄清用；EK滤孔较小，用来除去一般细菌；EK-S滤孔最小，可阻止大病毒通过，使用时可根据需要选用。

2. 微孔滤膜过滤器

滤膜用醋酸纤维酯和硝酸纤维酯混合物制成的薄膜。孔径分0.025μm、0.05μm、0.10μm、0.20μm、0.22μm、0.30μm、0.45μm、0.60μm、0.65μm、0.80μm、1.00μm、2.00μm、3.00μm、5.00μm、7.00μm、8.00μm和10.00μm，但若要将病毒除掉，则需要更小孔的微孔滤膜。微孔滤膜不仅可以用于除菌，还可用来测定液体或气体中的微生物，如水体中微生物检查。

三、照射灭菌法

紫外线波长在200~300nm，具有杀菌作用，其中265~266nm波长时杀菌力最强。此波长的紫外线易被细胞中核酸吸收，造成细胞损伤而杀菌。无菌室或无菌接种箱空气可用紫外线照射灭菌。此外，采用^{60}Co-γ射线灭菌也已广泛用于不能进行加热灭菌的纸和塑料薄膜、各种积层材料制作的容器以及医用生物敷料等的灭菌。γ射线灭菌的优点是穿透力强，可在包装完好条件下灭菌。

四、化学药品消毒与灭菌法

化学药品消毒与灭菌法是应用能抑制或杀死微生物的化学制剂进行消毒和灭菌的方

法，能破坏细菌代谢机能并有致死作用的化药剂为杀菌剂，如重金属离子等，只抑制细菌代谢机能，使细菌不能增殖的化学药剂为抑菌剂，如磺胺类及大多数抗生素等。实验室常用的化学杀菌剂及应用范围和浓度见表 1-2。

表 1-2　实验室中常用的化学杀菌剂

类别	实例	常用浓度	应用范围
醇类	乙醇	70%~75%	皮肤及器械消毒
酸类	乳酸	0.33~1mol/L	空气消毒（喷雾或熏蒸）
	食醋	3~5mL/m³	熏蒸消毒空气，可预防流感病毒
碱类	石灰水	1%~3%	地面消毒
酚类	石炭酸	5%	空气消毒（喷雾）
	来苏尔	2%~5%	空气消毒、皮肤消毒
醛类	福尔马林	10%溶液 2~6mL/m³	接种室、接种箱或厂房熏蒸消毒
重金属离子	升汞	0.1%	植物组织（如根瘤）表面消毒
	硝酸银	0.1%~1%	皮肤消毒
氧化剂	高锰酸钾	0.1%~3%	皮肤、水果、茶杯消毒
	过氧化氢	3%	清洗伤口
	氯气	0.2~1μL/L	饮用水清洁消毒
	漂白粉	1%~5%	洗刷培养基、饮水及粪便消毒
去污剂	新洁尔灭	水稀释 20 倍	皮肤，不能遇热器皿消毒
染料	结晶紫	2%~4%	外用紫药水，浅创伤口消毒
金属整合剂	8-羟喹啉硫酸盐	0.1%~0.2%	外用、清洗消毒

消毒与灭菌是整个生命科学研究必不可少的重要环节和实用技术，在医疗卫生、环境保护、食品、生物制品等各方面均具有重要的应用价值。根据不同的使用要求和条件选用合适的消毒与灭菌方法。本教材主要介绍几种常用的方法：干热灭菌、高压蒸汽灭菌、紫外线灭菌、微孔滤膜滤菌。

任务一　干热灭菌

【任务要求】

（1）了解干热灭菌的原理和应用范围。

（2）掌握干热灭菌的操作技术。

【基本原理】

干热灭菌是利用高温使微生物细胞内的蛋白质凝固变性而达到灭菌的目的，细胞内的蛋白质凝固性与其本身的含水量有关，在菌体受热时，内环境和细胞内含水量越大，则蛋白质凝固就越快，反之含水量越小，凝固越缓慢。干热灭菌所需温度高（160~170℃）时间长（1~2h）。

【训练材料】

培养皿、试管、吸管、电烘箱等。

【操作训练】

1. 装入待灭菌物品

将包的好待灭菌物品（培养皿、试管、吸管等）放入电烘箱内，关好箱门。物品不要摆得太挤，以免妨碍空气流通，灭菌物品不要接触电烘箱内壁的铁板，以防包装纸烤焦起火。

2. 升温

接通电源，拨动开关，打开电烘箱排气孔，旋动恒温调节器至绿灯亮，让温度升到100℃时，关闭排气孔。在升温过程中，如果红灯熄灭，绿灯亮，表示箱内停止加温，此时如果还未到所需的160~170℃，则需要转动调节器使红灯再亮，如此反复调节，直至达到所需温度。

3. 恒温

当温度升到160~170℃时，使用恒温调节器的自动控制，保持此温度2h。

4. 降温

切断电源、自然降温。

5. 开箱取物

待电烘箱内温度降到70℃以下，打开箱门，取出灭菌物品。电烘箱内温度降到70℃前，切勿自行打开箱门，以免骤然降温导致玻璃器皿炸裂。

【实验报告】

记录无菌检查结果。

【思考题】

（1）在干热灭菌操作过程中应注意哪些问题，为什么？

（2）为什么干热灭菌比湿热灭菌所需的温度高、时间长？

任务二　高压蒸汽灭菌

【任务要求】

（1）了解高压蒸汽灭菌的基本原理及应用范围。
（2）掌握高压蒸汽灭菌的操作方法。

【基本原理】

将待灭菌的物品放在一个密闭的加压灭菌锅内，通过加热，使灭菌锅隔套间的水沸腾而产生蒸汽。待蒸汽急剧地将锅的冷空气从排气阀排尽，然后关闭排气阀，继续加热，蒸汽不能溢出，增加了灭菌锅内的压力，从而使水的沸点增高。高温高压导致菌体蛋白质凝固变性而达到灭菌目的。

在同等条件下，湿热杀菌效力比干热大。其原因有三：一是湿热条件下细菌菌体吸收水分，因蛋白质含水量增加，所需凝固温度降低，蛋白质较易凝固（表1-3）；二是湿热的穿透力比干热大（表1-4）；三是湿热的蒸汽有潜热存在。能提高被灭菌物体的温度，从而增加灭菌效力。灭菌时，灭菌锅内冷空气的排除是否完全极为重要，因为空气的膨胀压大于水蒸气的膨胀压，所以，当水蒸气中含有空气时，在同一压力下，含空气的蒸汽温度低于饱和蒸汽的温度（表1-5）。

表1-3　蛋白质含水量与凝固所需温度的关系

卵白蛋白含水量（%）	30min 内凝固所需温度（℃）
50	56
25	74~80
18	80~90
6	145
0	160~170

表1-4　干热湿热穿透力及灭菌效果比较

类别	温度（℃）	时间（h）	透过布层的温度（℃）			灭菌
			20层	10层	100层	
干热	130~140	4	86	72	70.5	不完全
湿热	105.3	3	101	101	101	完全

表 1-5　灭菌锅留有不同质量空气时，压力与温度的关系

压力数 （MPa）	全部空气排出时的温度 （℃）	2/3 空气排出时的温度 （℃）	1/2 空气排出时的温度 （℃）	1/3 空气排出时的温度 （℃）	空气全不排出时的温度 （℃）
0.03	108.8	100	94	90	72
0.07	115.6	109	105	100	90
0.10	121.3	115	112	109	100
0.14	126.2	121	118	115	109
0.17	130.0	126	124	121	115
0.21	134.6	130	128	126	121

一般培养基用 0.1MPa、121.5℃、15~30min 可达到彻底灭菌的目的。灭菌的温度及维持的时间随灭菌物品的性质和容量等具体情况而有所改变。例如，含糖培养基用 0.06MPa、112.6℃、灭菌 15min，但为了保证效果，可将其他成分先行 121.3℃、灭菌 20min，然后以无菌操作加入灭菌的糖溶液。又如，装在试管内的培养基以 0.1MPa、121.5℃、灭菌 20min 即可，而装在大瓶内的培养基最好以 0.1MPa、122℃、灭菌 30min。

【训练材料】

牛肉膏白胨培养基，培养皿（6 套 1 包），手提式高压蒸汽灭菌锅等。

【操作训练】

（1）将内层锅取出，再向外层锅内加入适量的水，使水面与水位线加相平为宜。切勿忘记加水，同时加水量不可过少，以防灭菌锅烧干而引起炸裂事故。

（2）放回内层锅，并加入待灭菌物品。注意不要装得太挤，以免防碍蒸汽流通而影响灭菌效果。三角烧瓶与试管口端均不要与桶壁接触，以免冷凝水淋湿包口的纸而透入棉塞。

（3）加盖，并将盖上的排气软管插入内层锅的排气槽内。再以两两对称的方式同时旋紧相对的两个螺栓，使螺栓松紧一致，勿使漏气。

（4）用电炉或燃气加热，并同时打开排水阀，使水沸腾以排除锅内的冷空气。待冷空气完全排尽后，关上排气阀，让锅内的温度随蒸汽压力增加而逐渐上升。当锅内压力升到所需压力时，控制热源，维持压力至所需时间。本实验用 0.1MPa、121.5℃、灭菌 20min。

灭菌的主要因素是温度而非压力。必须待锅内冷空气完全排尽后才能关上排气阀，维持所需压力。

（5）灭菌达到所需时间后，切断电源，让灭菌锅内温度自然下降，当压力表的压力降至"0"时，打开排气阀，旋松螺栓，打开盖子，取出灭菌物品。

压力一定要降至"0"时，才能打开排气阀，开盖取物。否则就会因锅内压力突然下降，使容器内培养基由于内外压力不平衡而冲出烧瓶口或试管口，造成棉塞沾染培养基而发生污染，甚至灼伤操作者。

（6）将取出的灭菌培养基放入37℃温箱培养24h，经检查若无杂菌生长，即可待用。

【实验报告】

检查培养基灭菌是否彻底，并记录实验结果。

【思考题】

（1）高压蒸汽灭菌开始之前，为什么要将锅内冷空气排尽？灭菌完毕后，为什么待压力降至"0"时才能打开排气阀，开盖取物？

（2）在使用高压蒸汽灭菌锅灭菌时，怎样杜绝一切不安全的因素？

（3）灭菌在微生物实验操作中有何重要意义？

（4）黑曲霉的孢子与芽孢杆菌的孢子对热的抗性哪个强？为什么？

任务三　紫外线灭菌

【任务要求】

了解紫外线灭菌的原理和方法。

【基本原理】

波长为200~300nm的紫外线都有杀菌能力，其中以260nm的杀菌力最强。在波长一定的条件下，紫外线的杀菌效率与强度和时间的乘积成正比。紫外线杀菌机理主要是因为它导致胸腺嘧啶二聚体的形成和DNA链的交联，从而抑制了DNA的复制。由于辐射能使空气中的氧电离 [O]，再使O_2氧化生成臭氧（O_3）或使水（H_2O）氧化生成过氧化氢（H_2O_2）。O_3和H_2O_2均有杀菌作用。紫外线穿透力不大，所以紫外线灭菌只适用于无菌室、接种箱、手术室内的空气及物体表面的灭菌。紫外线灯距照射物以不超过1.2m为宜。

此外，为了加强紫外线灭菌效果，在打开紫外灯以前，可在无菌室内（或接种箱内）喷洒3%~5%石炭酸溶液，一方面使空气中附着微生物的尘埃降落，另一方面也可以杀死一部分细菌。无菌室内的桌面、凳子可先用2%~3%的来苏尔擦洗，再打开紫外灯照射，可增强杀菌效果，达到灭菌目的。

【训练材料】

1. 培养基

牛肉膏蛋白胨平板。

2. 溶液或试剂

3%~5%石炭酸或2%~3%来苏尔溶液。

3. 仪器或其他用具

紫外线灯。

【操作训练】

1. 单用紫外线照射

（1）在无菌室内或在接种箱内打开紫外线灯开关，照射30min，将开关关闭。

（2）将牛肉膏蛋白胨平板盖打开，15min后盖上皿盖。置37℃培养24h。共做3套。

（3）检查每个平板上生长的菌落数。如果不超过4个，说明灭菌效果良好，否则，需要延长照射时间或同时加强其他措施。

2. 化学消毒剂与紫外线照射结合使用

（1）在无菌室内，先喷洒3%~5%的石炭酸溶液，再打开紫外线灯照射15min。

（2）无菌室内的桌面、凳子用2%~3%来苏尔擦洗，再打开紫外线灯照射15min。

（3）检查灭菌效果。

【实验报告】

记录灭菌效果（表1-6）。

表1-6　灭菌效果记录

处理方法	平板菌落数（个）			灭菌效果比较
	1	2	3	
紫外线照射				
3%~5%石炭酸+紫外线照射				
2%~3%来苏尔+紫外线照射				

【思考题】

（1）细菌营养体和细菌芽孢对紫外线的抵抗力一样吗？为什么？

（2）紫外线灯管是用什么玻璃制作的？为什么不用普通玻璃？

（3）在紫外灯下观察实验结果时，为什么要隔一块普通玻璃？

任务四　微孔滤膜过滤除菌

【任务要求】

（1）了解过滤除菌的原理。

（2）掌握微孔滤膜过滤除菌的方法。

【基本原理】

过滤除菌是通过机械作用滤去液体或气体中细菌的方法。根据不同的需要选用不同的滤器和滤板材料。微孔滤膜过滤器是由上下 2 个分别具有出口和入口连接装置的塑料盖盒组成，出口处可连接针头，入口处可连接针筒，使用时将滤膜装入两塑料盖盒之间，旋紧盖盒，当溶液从针筒注入滤器时，此滤器将各种微生物阻留在微孔滤膜上面，从而达到除菌的目的。根据待除菌溶液量的多少，可选用不同大小的滤器。此法除菌的最大优点是可以不破坏溶液中各种物质的化学成分，但由于滤量有限，所以一般只适用于实验室中小量溶液的过滤除菌。

【训练材料】

1. 培养基

2%葡萄糖溶液、肉汤蛋白胨平板。

2. 仪器或其他用具

注射器、微孔滤膜过滤器、0.22μm 滤膜、无菌试管、镊子、玻璃刮棒。

【操作训练】

1. 组装、灭菌

将 0.22μm 孔径的滤膜装入清洗干净的塑料滤器中，旋紧压平，包装灭菌后待用。

2. 连接

将灭菌滤器的入口在无菌条件下，以无菌操作方式连接于装有待滤溶液（2%葡萄糖溶液）的注射器上，将针头与出口处连接并插入带橡皮塞的无菌试管中。

3. 压滤

将注射器中的待滤溶液加压缓缓挤入过滤到无菌试管中，滤毕，将针头拔出。压滤时，用力要适当，不可太猛太快，以免细菌被挤压通过滤膜。

4. 无菌检查

无菌操作吸取除菌滤液 0.1mL 于肉汤蛋白胨平板上，涂布均匀，置 37℃恒温培养箱中培养 24h，检查是否有菌生长。

5. 清洗

弃去微孔滤膜，将塑料滤器清洗干净，并换上一张新的微孔滤膜，组装包扎，再经灭菌后使用。整个过程应在无菌条件下严格操作，以防污染。过滤时应避免各连接处出现渗透现象。

【实验报告】

记录无菌检查结果。

【思考题】

（1）过滤除菌实验效果如何？如果经培养检查有杂菌生长，是什么原因造成的？

（2）如果需要配制一种含有某抗生素的牛肉膏蛋白胨培养基，其抗生素的终浓度（或工作浓度）为 $50\mu g/mL$，需要如何操作？

（3）过滤除菌应注意哪些问题？

项目四　生物科学绘图

一、生物科学绘图的定义

生物科学绘图又叫生物绘图，是生物类课程实验常做的作业，它是按照生物科学规律，运用绘画的形式，表现生物体的外部形态特征、内部解剖构造、细胞组织特点等生命题材的艺术。它具有科学和美学有机结合的特点，它要求作者严格遵守科学性这一基本原则，尊重事物本质，在绘画中准确表现生物体的形态特征、组织结构，在此前提下，容许从表现形式、构图和布局等方面，给予艺术加工。所以，它不同于艺术绘画、艺术摄影或科学摄影。

二、生物绘图的形式

生物绘图的形式很多，从表现题材的性质来分，常用的有 4 种。

1. 外部形态特征图

多用于分类学方面，要求将各种生物个体典型的形态特征，各部位的相对位置关系及比例，生动、准确而明了地反映出来。

2. 局部解剖图

多用于形态学及比较解剖学方面，它要求着重对某些细小器官、组织或能显示一个物种的重要特征部位和局部构造，加以放大，准确展示出来。

3. 显微玻片标本图

多用于细胞学、发生学、组织学方面的微观形态构造。要求把显微镜视野中见到的微观结构，简明、精细而又准确地描绘下来。

4. 示意图

运用图解方式，设计绘制的解说性图，简明扼要，重点突出，逻辑性和科学性强，容易理解和记忆。

三、生物绘图的目的和意义

生物绘图的目的是形象地记录和反映所观察、研究或学习过的生物对象，得以长期保存和传播交流。另外，它能起到加深理解，强化记忆的目的，通过绘图实践，还可以培养学生在学习与科学实验中，深入事物本质、细致观察事物的良好习惯，一丝不苟、精益求精的工作态度和实事求是、忠于科学的良好学风，学生严谨治学、认真工作的优良素质。因此，在实验课中，进行绘图作业，不要仅仅看作是一个技术问题，更不应单纯为了交作业，而必须与上面所提出的目的意义联系起来。

四、生物绘图的基本要求

1. 严格的科学性

形体准确，比例适当协调，特征明晰。

2. 富于真实感

绘出的图，形象生动，栩栩如生，姿态完美；结构层次分明，富于立体感，给人以真实、自然的印象。

3. 合理用笔

根据不同物体特点，运用适宜的线和点进行描绘，以达到理想的效果。

4. 构图适当

布局合理，画面主次分明，疏密适当，层次清楚。左右均衡，大小适宜，一目了然。

5. 图中要有标注，画面必须整洁

图中的结构应用文字注明，每个图的下方应有标题。标线和字体必须端正，图纸要注意整洁。

五、生物绘图的主要方法

生物绘图的方法很多，最常用的黑白线点图的绘画方法。

1. 用品

绘图纸或白色的实验报告纸、铅笔、橡皮擦、直尺、小刀。

2. 构思、起稿、定稿、成图

在详细观察清楚标本的基础上，根据实验作业要求，先考虑好一个腹稿。然后轻轻地画出草图，稍加修改后即定稿成图。

3. 注意事项

绘图时用铅笔以线条构成物体大约轮廓，或以点来表现物体，组成画面；或者在用线条构成物体的轮廓后，再用点的疏密来表现组织物体的层次结构紧密等。

项目五　血液样品的处理与组织匀浆的制备

血液是动物机体体液的主要组成成分，为细胞外液。血液是由血浆和悬浮于血浆中的血细胞组成的。血浆中含有糖类、脂类、多种蛋白质、无机盐类等多种物质。动物血液成分的变化往往是反映机体生理或病理代谢变化的重要指标，兽医临床上经常运用血液成分指标的变化来诊断疾病，具有广泛的应用价值。

测定血液的不同生化指标需要对血液进行不同的处理。因此，掌握正确处理血液样品（全血、血清及血浆）的方法，是血液生化指标测定的重要前提。

一般情况下，体外所进行的生化反应或细胞内成分的测定均需要将细胞内的成分暴露在适当的缓冲液中；细胞中各种成分（如 DNA、RNA、蛋白质和酶）的分离和提取等也需要破碎细胞做成组织匀浆后才能进行。由此可见，生化实验中，制作组织匀浆也是重要的操作之一。本实验介绍了血液的基本知识，全血、血清及血浆的采集、处理和制备方法以及无蛋白血滤液的制备方法，组织匀浆的制备方法。

【任务要求】

（1）学习血液样品（全血、血清及血浆）的采集、处理和制备方法。

（2）学习无蛋白血滤液的制备方法。

（3）学习组织匀浆的制备方法。

（4）加强生物化学实验基本训练。

【训练材料】

1. 试剂

（1）抗凝剂。10%草酸钾水溶液。

（2）10%（m/V）钨酸钠。称取钨酸钠（$Na_2WO_4 \cdot 2H_2O$）100g 溶于少量蒸馏水，最后加蒸馏水至 1 000mL。此液以 1%酚酞为指示剂使之为中性（无色）或微碱性（呈粉红色）。

（3）1/3mol/L 硫酸溶液。

（4）10%（m/V）硫酸锌溶液。称取硫酸锌（$ZnSO_4 \cdot 7H_2O$）10g 溶于蒸馏水并定容至 100mL。

（5）0.5mol/L 氢氧化钠溶液。

（6）10%三氯醋酸溶液。

2. 器材

水浴锅或温箱、离心机。

【操作训练】

（一）血液样品的采集与处理

1. 血液样品的采集

各种动物的采血部位不尽相同。马属动物、牛、猪等由颈静脉采取；兔由耳静脉采取；犬由颈静脉或股内静脉采取；天竺鼠和大鼠则由心脏采取；家禽由翼静脉和隐静脉采取；小鼠由尾静脉或内眼角采取。最好按照无菌操作的要求进行采血。

正常成分测定的血液样品应在动物早晨饲喂前采取，以避免食物成分对血液样品的影响。

由于血液中许多化学成分在血浆（清）和血细胞内的分布不同，有的差别很大，因而在血液分析中常需分别测定血浆（清）和血细胞中的成分含量。为此，在采血时要避免溶血，因为溶血将造成成分混杂，引起测定误差。为避免溶血，在采血时所用的注射器、针头及盛血容器要干燥清洁；采出的血液要沿管壁慢慢注入盛血容器内。用注射器取血时，采血后应先取下针头，再慢慢注入容器内。推动注射器时速度切不可太快，以免吹起气泡造成溶血。盛血的容器不能用力摇动。

2. 血清、全血及血浆的制备

（1）血清的制备。血清是全血不加抗凝剂自然凝固后析出的淡黄色清亮液体。其所含成分接近于组织间液，代表着机体内环境的物理化学性状，比全血更能反映机体的状态，所以血清是常用的血液样品。血清的制备方法如下。

将刚采集的血液直接注入试管或三角瓶内，将试管或三角瓶倾斜放置，使血液形成一斜面，也可以直接注入平皿中。

夏季于室温下放置，待血液凝固后，即有血清析出；冬季因室温较低，室温下放置时血液凝固缓慢，不易析出血清，故需将血液置于37℃水浴或温箱中，促进血清析出。血清析出后，用吸管吸取上层血清置于另一试管中，若不清亮或带有血细胞，应进行 2 000~3 000 r/min，4℃或室温离心 10~15min，将上清移于另一试管中，加盖4℃或冷冻备用。

（2）全血及血浆的制备。若要用全血或血浆作样品，必须在血液未凝固前就用抗凝剂进行处理。全血及血浆的制备方法如下。

将刚采取的血液注入预先加有抗凝剂的试管中，轻轻摇动，使抗凝剂完全溶解并分布于血液中。血液将不会凝固，可供作全血使用。

将已抗凝的全血于 2 000~3 000r/min、4℃或室温离心 10~15min，沉降血细胞，取上层清液即为血浆。

血浆比血清分离得快而且量多。两者的差别主要是血浆比血清多含一种纤维蛋白原，其他成分基本相同。

（3）抗凝剂。凡能够抑制血液凝固的化合物称为抗凝剂。抗凝剂种类很多，实验室常用的有如下几种，可根据测定要求选择使用。

草酸钾（钠）。优点是溶解度大，可迅速与血中钙离子结合，形成不溶性草酸钙，使血液不凝固。每毫升血液用 1~2mg 即可。配制与使用方法如下。配制 10%草酸钾水溶液。吸取此液 0.1mL 放入一试管中，慢慢转动试管，使草酸钾尽量铺散在试管壁上，置 80℃烘箱烘干（若超过 150℃则分解）。管壁即呈一白色粉末薄层，加塞备用，可抗凝血液 5mL。此抗凝血常用于非蛋白氮等多种测定项目，但不适用于钾、钙的测定。对乳酸脱氢酶、酸性磷酸酶、淀粉酶等具有抑制作用，使用时应注意。

草酸钾-氟化钠。氟化钠是一种弱抗凝剂，但浓度在 2mg/mL 时能抑制血液内葡萄糖的分解，因此在测定血糖时常与草酸钾混合使用。配制与使用方法如下。草酸钾 6g、氟化钠 3g，溶于 100mL 蒸馏水中。每个试管加入 0.25mL，于 80℃烘干备用。每管含混合剂 22.5mg，可抗凝 5mL 血液。因氟化钠抑制脲酶，所以此抗凝血不能用于脲酶法的尿素氮测定，也不能用于淀粉酶及磷酸酶的测定。

乙二胺四乙酸二钠盐（简称 EDTANa$_2$）。EDTANa$_2$ 易与钙离子络合而使血液不凝。有效浓度 0.8mg 可抗凝 1mL 血液。配制与使用方法如下。配成 4%EDTANa$_2$ 水溶液，每管装 0.1mL，80℃烘干，可抗凝 5mL 血液。此抗凝血适用于多种生化分析，但不能用于血浆中含氮物质、钙及钠的测定。

肝素（Heparin）。最佳抗凝剂，主要抑制凝血酶原转变为凝血酶，从而抑制纤维蛋白原形成纤维蛋白而抗凝血。0.1~0.2mg 或 20IU 可抗凝 1mL 血液。配制与使用方法如下。配成 10mg/mL 的水溶液，每管加 0.1mL 于 37~56℃烘干，可抗凝 5~10mL 血液（市售品为肝素钠溶液，每毫升含 12 500IU，相当于 100mg，故每 125IU 相当于 1mg）。

除上述抗凝剂外，还有柠檬酸钠（枸橼酸钠）、草酸铵等，因不常用于生化分析，故不做介绍。

抗凝剂用量不可过多，若草酸盐过多，将造成钨酸法制备无蛋白血滤液时蛋白质沉淀不完全，当通过加入奈氏试剂进行氨氮测定时，溶液会产生浑浊等现象。

3. 血液的量取

已制备好的抗凝血液放置后血细胞会自然下沉，往往造成量取全血时的误差。因此量取全血时，血液必须充分混合，以保证血细胞和血浆分布均匀，其操作如下。

（1）血液混匀法。若血液装在试管中，可用玻璃塞或洁净干燥的橡皮塞，塞严管口，缓慢上下颠倒数次，使血细胞、血浆均匀混合。颠倒时切不可用力过猛，以免产生气泡或溶血。也可用一弯成角形的小玻璃棒插入管内，上下移动若干次，使完全混匀。血液混匀后应立即量取，且每次量取前都必须重复此操作。

（2）准确量取法。血液十分黏稠，应做到准确量取。在用吸管量取时，要将已充分混匀的血液吸至吸管的最高刻度稍上方处，用滤纸片擦净吸管外壁的血液，而后使血液慢慢流至刻度，放出多余血液。再次擦净管尖血液。然后运用食指压力控制着流出速度，慢慢把血液放入容器中，将最后 1 滴吹入容器内（若是不应吹的吸管，则将管尖贴在接收容器的壁上转动几秒钟，使液体尽量流出即可）。血液流出后，管壁应清明且无血液薄层附着。

4. 无蛋白血滤液的制备

测定血液或其他体液的化学成分时，样品内蛋白质的存在常常干扰测定。因此，需要先制成无蛋白血滤液再进行测定。

无蛋白血滤液制备的基本原理是以蛋白质沉淀剂沉淀蛋白，用过滤法或离心法除去沉淀的蛋白。现介绍几种常用的方法。

（1）福林吴宪（Folin-Wu）氏法（钨酸法）。

原理：钨酸钠与硫酸混合，生成钨酸。

$$Na_2WO_4+H_2SO_4 \Longrightarrow H_2WO_4+Na_2SO_4$$

血液中蛋白质在 pH 值小于等电点的溶液中可被钨酸沉淀。沉淀液经过滤或离心，所得上清液即为无色而透明、pH 值约为 6 的无蛋白血滤液。该滤液可供非蛋白氮、血糖、氨基酸、尿素、尿酸、氯化物等项测定使用。

操作如下。①取 50mL 锥形瓶或大试管 1 支。②吸取充分混合之抗凝血 1 份，擦净管外血液，缓慢放入锥形瓶或试管底部。③准确加入蒸馏水 7 份，混匀，使完全溶血。④加入 1/3mol/L 硫酸溶液 1 份，随加随摇。⑤加入 10%钨酸钠 1 份，随加随摇。⑥放置约 5min 后，如振摇也不再发生泡沫，说明蛋白质已完全变性沉淀。离心（2 500 r/min、10min），即得完全澄清无色的无蛋白血滤液。

制备血浆或血清的无蛋白血滤液与上述方法相似。不同点是加水 8 份，而钨酸钠和硫酸各加 1/2 份。

黑登（Haden）改良上述方法为 1 份血清中加入 8 份 1/24mol/L 硫酸溶液，此时血细胞迅速破裂，颜色变黑，再加入 10%钨酸钠 1 份，摇匀，过滤或离心即可。此法优点是产生的滤液较多。

用上述任何方法制得的血滤液，都是将原来样品稀释 10 倍（1∶10）。所以 1mL 无蛋白血滤液相当于 0.1mL 的全血、血浆或血清。

（2）氢氧化锌法。

原理：血液中蛋白质在 pH 值大于等电点的溶液中可用 Zn^{2+} 来沉淀。生成的氢氧化锌本身为胶体，可将血中葡萄糖以外的许多还原性物质吸附而沉淀。所以此法所得滤液最适用作血液葡萄糖的测定（因为葡萄糖多是利用它的还原性来定量的）。但测定尿酸和非蛋白氮时含量降低，不宜使用此滤液。

操作如下。①取干燥洁净的 50mL 锥形瓶或大试管 1 支，准确加入 7 份水。②准确加入混匀的抗凝血 1 份，摇匀。③加入 10%硫酸锌溶液 1 份，摇匀。④慢慢加入 0.5mol/L 氢氧化钠溶液 1 份，边加边摇。放置 5min，用定量滤纸过滤或离心（2 500 r/min、10min），得清明透亮之滤液。此滤液中的血液也被稀释 10 倍。

（3）三氯醋酸法。

原理：三氯醋酸为有机强酸，能使蛋白质变性而沉淀。

操作如下。取 10%三氯醋酸 9 份置于锥形瓶或大试管中，加 1 份已充分混匀的抗凝血液。加时要不断摇动，使其均匀。静置 5min，过滤或离心，即得 10 倍稀释的清明透亮的无蛋白血滤液。

（二）组织匀浆的制备

组织匀浆系指将动物组织细胞在适当的缓冲溶液中研磨，使细胞膜破坏，细胞内容物溶解或悬浮于缓冲液中形成的混悬液。

各种组织做成的匀浆，由于细胞膜被破坏，把反应基质加入匀浆中时，基质可以不受细胞质膜通透性的限制，直接与酶发生作用。此时所测得的反应产物或基质消耗量即能代表该基质在酶作用下的转变量，从中可反映出组织或酶的代谢活性。同时，细胞中各种成分如 DNA、RNA、蛋白质、酶等也需要破碎细胞做成组织匀浆后才能进行分离和提取。所以生化实验中，制作组织匀浆是重要的操作之一。

组织匀浆的制作：由于不同组织匀浆制作过程并不完全相同，所以这里仅介绍一般的组织匀浆制作过程，具体的将在各章中详细介绍。将新鲜离体的组织器官洗去血污，弃除其他组织，加入适当的缓冲溶液。若是肝脏等柔软组织可用剪刀剪成碎块，直接用玻璃匀浆器磨成匀浆；若是心脏等坚实组织可先剪成块，需要注意的是组织块匀浆之前要在天平上称重，然后加入一定体积的适当的缓冲溶液，用组织捣碎机捣成粗组织糜，而后再用玻璃匀浆器磨碎。

玻璃匀浆器是制作组织匀浆的重要工具，结构见图1-10。它分成匀浆器轴和匀浆器外套两部分。匀浆器轴是一中空、头部粗的圆柱，其空间可以放置冰水；匀浆器外套有一凸出的球部以容纳磨好的匀浆，球部以下部分是与匀浆器轴接触、轧磨组织的部分。在匀浆器轴与外套管接触的两个表面都被打磨成细匀的毛面，并且两部分接触十分严密，组织细胞在两者之间经挤压、研磨而破碎。

图1-10　玻璃匀浆器的结构

制作时，将已预处理好的组织加适量的缓冲溶液，再放入匀浆器外套管内，用匀浆器轴顺同一方向一边转动一边用力下压，直至到底。然后提起匀浆器轴，再一次研磨，如此操作重复几次即制成匀浆。

制作组织匀浆需要在低温下进行。组织器官离体后就应放置于冰冷溶液中处理，匀浆时，匀浆器相互摩擦而产生高热，易使酶变性或其他组织成分被破坏，所以在匀浆器轴的中空部要放入冰盐溶液，匀浆器外套管也应用冰盐溶液冷却。制作好的组织匀浆应及时使用或在低温作短期贮存。

【注意事项】

（1）量取全血时，血液必须充分混合，以保证血细胞和血浆分布均匀。血浆均匀混合，颠倒时切不可用力过猛，以免产生气泡或溶血。

（2）正确使用吸量管，吸取液体必须准确。

（3）制作组织匀浆需要在低温下进行。

【思考题】

（1）什么是血清？什么是血浆？它们有何区别？

（2）制备血清、血浆应注意什么？

（3）什么是无蛋白血滤液？制备无蛋白血滤液的原理是什么？

（4）制作组织匀浆应注意什么？

项目六 组织切片技术

石蜡切片技术是研究组织学、胚胎学和病理学等学科最基本的方法。制备步骤：从动物体取下小块组织，经固定、脱水、浸蜡、包埋和切片等处理，把要观察的组织或器官切成薄片，再经不同的染色方法，以显示组织的不同成分和细胞的形态，达到既易于观察、鉴别，又便于保存，所以是教学和科研常用的方法。

【任务要求】

掌握石蜡切片的制作方法。

【训练材料】

切片机和刀片、水浴锅、酒精灯、手术刀和刀片、单面刀片、手术剪、纱布、固定液、梯度酒精、二甲苯、石蜡、染料、动物组织。

【操作训练】

1. 取材与固定

选择健康动物，放血或其他方法致死，立即从胸、腹正中线剖开胸、腹腔，分别取材，投入固定液中固定。固定的目的在于借助固定液中化学成分，使组织、细胞内的蛋白质、脂肪、糖和酶等各种成分沉淀或凝固而保存下来，使其保持生活状态时的形态结构。取材的大小一般以不超过 5mm 为宜。柔软组织不易切成小块，可先取较大的组织块，固定数小时后再分割成小块组织继续固定。取材时要注意保持器官的完整性。小器官如淋巴结、肾上腺、脑垂体等要整体固定，睾丸也要整体固定后再分割成小块。

固定液的种类很多，有单一固定液和混合固定液之分。实验室常用的单一固定液是 5% 或 10% 甲醛固定液（即市售甲醛溶液 5mL 或 10mL，加蒸馏水 95mL 或 90mL）；混合固定液如波因氏（Bouin）固定液（配方为苦味酸饱和水溶液 75mL、甲醛溶液 20mL、冰醋酸 5mL，临用时将三液混合而成）。

此外，酒精、重铬酸钾也是切片制作常用的试剂。

2. 修组织块与冲洗

生鲜组织柔软，不易切成规整的块状。组织固定后因蛋白质凝固产生一定硬度，即可用单面刀片把组织块修整成所需要的大小。

冲洗的目的在于把组织内的固定液除去，否则残留的固定液会妨碍染色，或产生沉淀，影响观察。甲醛固定的材料，常用自来水冲洗，若同时冲洗多种组织块，则可分别包于纱布内，同时标记清楚，以免混淆。冲洗时间与固定时间相同。波因氏液固定的材料用70%乙醇冲洗。乙醇中加入几滴氨水或碳酸锂饱和水溶液，可除去苦味酸的黄色。

3. 脱水与透明

脱水的目的在于用乙醇（脱水剂）完全除去组织内水分。实验室常从70%乙醇开始脱水，经80%、90%、95%至无水乙醇逐级更换，最后完全把组织中水分置换出来。脱水必须在有盖瓶内进行，高浓度乙醇很容易吸收空气中的水分，应定期更换。每级乙醇脱水时间约3h，但高浓度乙醇，尤其是无水乙醇能使组织变脆，故应控制在2h左右（即经二次无水乙醇，每次各1h）。

组织块脱水后，必须经既可与乙醇相混、又可为石蜡溶剂的透明剂（如二甲苯、苯）所透明，使组织中的乙醇被透明剂所替代，才能浸蜡包埋。

4. 浸蜡与包埋

（1）浸蜡的目的在于除去组织中的二甲苯而以石蜡取代。石蜡作为一种支持剂浸入组织内部，凝固后使组织变硬，便于切成薄片。浸蜡需在温箱内进行，先将市售石蜡（熔点54~56℃）放入60℃温箱内熔化，再把透明好的组织块投入熔化的蜡中，经4~6次更换石蜡，每次30min，总浸蜡时间为2~3h，便可完全置换出组织内的二甲苯。注意浸蜡时间不宜过长，否则会使组织变脆，难以切成薄片。

（2）包埋是把浸好蜡的组织块转入包埋的石蜡中，使其冷却凝固形成包有组织的蜡块。①包埋前准备。包埋用石蜡（其温度应比浸蜡用的石蜡温度稍高，冬季尤应如此）、数个包埋器、小镊子、一盆冷水（夏季可放入冰块）、酒精灯和火柴等。②方法。先从温箱取出包埋用石蜡倒入包埋器中（勿外溢），再用温热镊子把浸好蜡的组织块迅速移入包埋器蜡中（切忌组织块暴露于空气中时间过长，否则组织表面的蜡凝固而影响切片），用镊子放置好切面（切面朝下）和组织块间的距离，最后向蜡面吹气，待蜡面形成一层薄膜时，两手端平纸盒把柄，迅速浸入水中（或先把纸盒平移至水面再吹气），待其完全凝固后取出待用。

5. 修蜡块和切片

把包有组织块的长条蜡块，用单面刀片分割成以组织块为中心的正方形或长方形，然后在蜡块底面（即切面）修成以组织块为中心、组织块边距为2mm、高3~5mm的正方形或长方形蜡块，蜡块相对的两个边必须平行，否则切片不成规整的蜡带。

石蜡切片常用的是手摇切片机，把修整齐的蜡块先固着于木块上，或直接固定在金属台座上，再把磨锋利的切片刀固定于刀架上，切片刀与蜡块切面间的倾角以5°为宜，角度太小或太大均不能切成薄片。最后把调整刻度指针定在所需求的厚度上，一般组织器官切片厚度为5~7μm。松开转轮固定器，移动刀架，使刀口接近蜡块，即可进行连续切片。

6. 展片与贴片

把从切片机上取下的蜡带，用单面刀片在两蜡片间分开，在涂有甘油蛋白的载玻片上，滴加1~2滴蒸馏水，用昆虫针、大头针或小镊子提取蜡片，置于载玻片的水面上，然后在酒精灯上稍加热（或放在展片台上加热，也可把蜡片直接置于40℃水中展片），待蜡片的皱褶完全展平时（勿使蜡片溶解），倾斜载玻片除去多余的水分（或用载玻片捞取水中蜡片），并放入40~45℃烘箱内烘干待用。

7. 染色

先把染料配成水溶液或醇溶液，后把烘干经脱蜡后的切片浸于其中，其目的在于使组织或细胞的不同结构着色各异，产生明显的对比度，便于在光学显微镜下进行观察。教学和科研最常用的染色方法之一是苏木精-伊红（HE）染色法。HE染色法有两种，一种是片染法，另一种是块染法，分别简介如下。

（1）HE片染法。

染色前准备工作如下。

Delafield's苏木精染色液配制。取苏木精4g、无水乙醇25mL、铵矾（硫酸铝铵）40g、蒸馏水400mL。配制时先把苏木精溶于无水乙醇；铵矾溶于蒸馏水（加热使之完全溶化）。冷却后将两液混合装入瓶中，瓶口包以双层纱布，静置于阳光下或窗前阳光处数天，使苏木精充分氧化，过滤，在滤液中加入甲醇和甘油各100mL，摇匀再放数天，过滤即成。

伊红（曙红）染色液配制。实验室一般常用的伊红溶液为伊红1g溶于99mL 95%乙醇即成。

配制90%、80%、70%乙醇及盐酸乙醇。分别取95%乙醇90mL、80mL和70mL，分别加入5mL、15mL及25mL蒸馏水即成。盐酸乙醇在乙醇中加入几滴浓盐酸即成。

切片的染色前处理。烘干的切片在二甲苯中溶蜡，在各级浓度乙酸中逐步获水，方可染色。方法：切片经二甲苯Ⅰ、Ⅱ（各10min）脱蜡→无水乙醇Ⅰ、Ⅱ（各7~10min）→95%、80%、70%乙醇（各5~7min）→蒸馏水待染色。

染色步骤如下。

苏木精染色。将获水后的切片置于Delafield's苏木精原液中，染10~20min（染5~10min后可取样镜检，细胞核着蓝色，清晰可见即可）→自来水洗去残留染料→蒸馏水洗→70%酸乙醇分色（严格控制时间，否则将导致完全脱色）→自来水蓝化（30min至数小时）→蒸馏水洗，待染伊红。

伊红染色。从蒸馏水中取出切片，置于70%、80%、90%乙醇中逐级脱水各7~10min→伊红染色液1min→95%乙醇Ⅰ、Ⅱ几秒至1min，除去残留染料及分色→无水乙醇Ⅰ、Ⅱ各7~10min→二甲苯Ⅰ、Ⅱ透明各10min。

（2）HE块染法。取材、固定、冲洗及除去苦味酸黄色等方法同前。把浸于70%乙醇的组织块加入倍量蒸馏水，两次稀释至蒸馏水（约 2h）→投入碘酸钠苏木精（临用前配）内 3~4d→蒸馏水分色约 10h→自来水蓝化 3~4d→蒸馏水洗 1min→70%、80%、90%乙醇逐级脱水各 3h→伊红溶液染 2d→95%乙醇Ⅰ、Ⅱ脱水与分色各 1h→无水乙醇Ⅰ、Ⅱ各 1h→二甲苯Ⅰ、Ⅱ透明各 1h→浸蜡、包埋、切片同前。切片烘干后只需经过 2 次二甲苯脱蜡，便可用树胶封片。

8. 封片

从二甲苯Ⅱ中逐个取出载玻片，分辨出正面（有组织一面）和底面，用纱布迅速擦去组织切片周围和底面的二甲苯，然后向组织切片上滴加 1~2 滴树胶（封片剂）。用镊子夹取一干净盖玻片，倾斜地盖在树胶上即可（注意防止气泡侵入组织内）。然后平放于木盒内，烘干或自然干燥均可。

碘酸钠苏木精染色液配制。

苏木精 25mg、硫酸铝钾（钾明矾）1.25g、碘酸钠 5mg、蒸馏水 75mL，配制时先将硫酸铝钾溶于蒸馏水，加热使之完全溶解，后加入苏木精和碘酸钠。

石蜡切片制作流程见图 1-11。

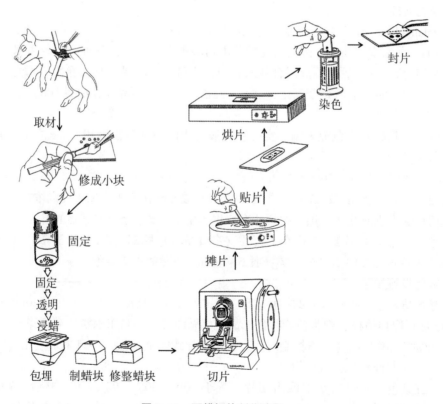

图 1-11　石蜡切片制作流程

【实验报告】

（1）完成动物组织的石蜡切片、染色与观察。

（2）分析石蜡切片过程中出现的问题。

【思考题】

（1）动物组织的石蜡切片的基本程序包含哪些步骤？

（2）染色过程中要注意的事项有哪些？

项目七　培养基制作

培养基是人工配制的适合微生物生长繁殖或积累代谢产物的营养基质，用以培养、分离、鉴定、保存各种微生物或积累代谢产物。

微生物在长期进化过程中，其生命代谢活动发生了很多变化，以适应周围环境。不同微生物的生活环境不同，所要求的生长条件也不同，只有培养条件符合其需要时，微生物才能生长。

一、培养基制作原则和要求

培养基是依据细菌的物质代谢要求和营养需要而制备的，它必须含有细菌生长繁殖所需要的碳源、氮源、矿物质以及生长环境条件，因此，在制作细菌培养基时，必须掌握如下原则和要求。

一是必须含有细菌生长所需的各种营养物质，如蛋白胨（提供氮源）、牛肉膏（提供碳源和其他含氮物质以及矿物质）、盐类（维持渗透压平衡和代谢需要等）。

二是培养基必须含有适当的水分，因为细菌主要靠渗透、扩散和主动运输等方式进行细胞内外物质交换，没有水是无法进行的。

三是培养基应具有分离培养菌所要求的酸碱度（pH 值）。适宜的酸碱度是保证微生物正常生长的主要因素之一。一般的病原微生物在 pH 值为 6.8~7.2 的条件下生长繁殖，而霉菌则要求培养基 pH 值为 3~6。由于在培养过程中，微生物产酸或产碱，使培养基的酸碱度发生改变，为消除这一副作用，通常要求在培养基中加入缓冲系统。酸碱度主要通过两方面来影响微生物的代谢作用，其一，改变蛋白质的等电点，从而使酶活性受阻；其二，改变膜电荷，乃至改变整个微生物个体的电荷性质，改变膜的通透性，使微生物生长受阻。

四是制备培养基的容器不应含有抑制细菌生长的物质存在，不宜用铁铝容器，常用玻璃烧杯、搪瓷缸等。

五是制备的培养基应均质透明，便于观察细菌生长性状和引起培养基的变化，液体培养基灭菌后应无沉淀物。

六是由于配制培养的各类营养物质和容器等含有各种微生物，因此，已配制好的培养基必须立即彻底灭菌，不得含有任何活的细菌、霉菌及其芽孢和孢子。如果来不及灭菌，应暂存冰箱内，以防止其中的微生物生长繁殖而消耗养分和改变培养的酸碱度所带来的不利影响。最好在使用前37℃培养24~48h，无杂菌生长时方可应用。

二、培养基类别

在自然界中，微生物种类繁多，营养类型多样，有些微生物对营养要求较低，可在普通营养琼脂上生长，而有些微生物对营养的要求较高，必须提供丰富的营养，如血清、血液等，才能生长。少数微生物不但要求较高的营养，而且还必须提供一些特殊物质，如X因子、各种维生素、吐温等才能生长。此外，实验和研究的目的不同，培养基中需要添加适当代谢底物，如糖类、酸碱指示剂等，所以培养基的种类很多。

根据微生物的种类和实验目的不同，培养基的类别如下。

（一）按成分的不同分类

1. 天然培养基

主要成分是复杂的天然有机物质，如马铃薯、玉米粉、豆饼粉、豆芽汁、牛肉膏、蛋白胨、血清等。这些复杂天然有机物质的成分不完全了解，每次所用的原料，其中各成分的数量也不恒定。这类培养基是实验室和发酵工厂常用的培养基，如牛肉膏蛋白胨培养基、马铃薯培养基、玉米粉和黄豆饼粉培养基、血琼脂培养基等。

2. 合成培养基

用化学成分完全了解的纯化合物药品配制而成的培养基，因此也称化学成分明确的培养基，如高氏I号培养基、查氏培养基、M9培养基等。一般用于研究微生物的形态、营养代谢、分类鉴定、菌种选育、遗传分析等。

高氏I号培养基是用来培养和观察放线菌形态特征的合成培养基。如果加入适量的抗菌药物（如各种抗生素、酚等），则可用来分离各种放线菌。此合成培养基的主要特点是含有多种化学成分已知的无机盐，这些无机盐可能相互作用而产生沉淀、如高氏I号培养基中的磷酸盐和镁盐相互混合时易产生沉淀；因此，在混合培养基成分时，一般是按配方的顺序依次溶解各成分，甚至有时还需要将三种或多种成分分别灭菌，使用时再按比例混合。此外，合成培养基有的还要补加微量元素，如高氏I号培养基中的$FeSO_4 \cdot 7H_2O$的量只有0.001%，因此在配制培养基时需预先配成高浓度的$FeSO_4 \cdot 7H_2O$贮备液，然后再按需加入一定量到培养基中。

高氏I号培养基配方如下。可溶性淀粉20g、NaCl 0.5g、KNO_3 1g、$K_2HPO_4 \cdot 3H_2O$ 0.5g、$MgSO_4 \cdot 7H_2O$ 0.5g、$FeSO_4 \cdot 7H_2O$ 0.01g、琼脂15~25g、水1 000mL，pH值为7.4~7.6。

3. 半合成培养基

在以天然有机物作为微生物营养来源的同时，适当补充一些成分已知的化学药品所配制的培养基称半合成培养基。大多数微生物都能在此种培养基上生长，应用广泛。例如，常用的马铃薯葡萄糖培养基，很多霉菌都能在其上生长良好。

（二）按培养基的物理状态分类

1. 固体培养基

在液体培养基中加入凝固剂即为固体培养基。实验用的凝固剂有琼脂、琼脂糖、明胶和硅胶，后者用于配制自养微生物的固体培养基。对其他多数微生物来讲，以琼脂最为合适，一般加入 1.5%~2.5% 即可凝固成固体。此培养基可供微生物的分离、鉴定、活菌计数、菌种保藏等用。

2. 半固体培养基

在液体培养基中加入少量凝固剂即为半固体培养基。例如，用琼脂作凝固剂时只需加入 0.2%~0.7%。此种培养基常用来观察细菌运动的特征、菌种保存和噬菌体的分离纯化及制备等。

3. 液体培养基

不含任何凝固剂，配后成液体状态的培养基。广泛用于微生物的培养、生理代谢和遗传学的研究以及工业发酵等。

（三）按培养基的用途分类

1. 基础培养基

含有一般细菌生长繁殖需要的基本的营养物质。最常用的基础培养基是天然培养基中的牛肉膏蛋白胨培养基，这种培养基可作为一些特殊培养基的基础成分。

牛肉膏蛋白胨培养基是一种应用最广泛和最普通的细菌基础培养基，有时又称为普通肉汤培养基。由于这种培养基中含有一般细菌生长繁殖所需要的最基本的营养物质，所以可供作微生物生长繁殖之用。基础培养基含有牛肉膏、蛋白胨和 NaCl。其中牛肉膏为微生物提供碳源、能源、磷酸盐和维生素，蛋白胨主要提供氮源和维生素，而NaCl 提供无机盐。在配制固体培养基时还要加入一定量琼脂作凝固剂，琼脂在常用浓度下 96℃ 时熔化，实际应用时，一般在沸水浴中或下面垫以石棉网煮沸熔化，以免琼脂烧焦。琼脂在 40℃ 时凝固，通常不被微生物分解利用。固体培养基中琼脂的含量根据琼脂的质量和气温的不同而有所不同。

由于这种培养基多用于培养细菌，因此要用稀酸或稀碱将其 pH 调至中性或微碱性，以利于细菌的生长繁殖。

普通肉汤（牛肉膏蛋白胨培养基）的配方如下。牛肉膏 3.0g、蛋白胨 10.0g、NaCl 5.0g、水 1 000mL，pH 值为 7.4~7.6。在此配方基础上，每 100mL 普通肉汤培养基，加入 2.0g 琼脂，煮沸溶化即成普通琼脂培养基。

2. 营养培养基（加富培养基）

在基础培养基中加入某些特殊营养物质，如血液、血清、动物（或植物）组织液、酵母浸膏或生长因子等，用以培养对营养要求苛刻的微生物，如培养百日咳杆菌需要含有血液的培养基。

血液培养基是一种含有脱纤维动物血（一般用兔血或羊血）的牛肉膏蛋白胨培养

基。因此除培养细菌所需要的各种营养外，还能提供辅酶（如 V 因子），血红素（X 因子）等特殊生长因子。因此血液培养基常用于培养、分离和保存对营养要求苛刻的某些病原微生物。此外，这种培养基还可用来测定细菌的溶血作用。

血液琼脂培养基的配方如下。牛肉膏 3g、蛋白胨 10g、NaCl 5g、琼脂 15~20g、水 1 000mL，pH 值为 7.4~7.6，另加无菌脱纤维兔血（或羊血）100mL。

3. 鉴别培养基

一类含有某种特定化合物或试剂的培养基。某种微生物在这种培养基上培养后，它所产生的某种代谢产物与这种特定的化合物或试剂能发生某种明显的特征性反应，根据这一特征性反应，可以将某种微生物与他种微生物区别开来。主要用于不同类型微生物的生理生化鉴定。如用来检查细菌能否利用不同糖类产酸产气的糖发酵培养基、能否产生硫化氢的醋酸铅培养基等。

4. 选择培养基

利用微生物对某种或某些化学物质的敏感性不同，在培养基中加入这类物质，抑制不需要的微生物生长，而利于所需分离的微生物生长，从而达到分离或鉴别某种微生物的目的。如分离真菌的马丁氏（Martin）培养基和既有选择作用又有鉴别作用的远藤氏（Endo）培养基等。微生物遗传学研究中用来选择营养缺陷型的培养基以及分子克隆技术中常用的加抗生素 X-gal（5-溴-4-氧-3-吲哚-β-D-半乳糖苷）的培养基等均属于选择培养基。

马丁氏培养基是一种用来分离真菌的选择性培养基。此培养基是由葡萄糖、蛋白胨、KH_2PO_4、$MgSO_4 \cdot 7H_2O$、孟加拉红（玫瑰红，Rose Bengal）和链霉素等组成。其中葡萄糖主要作为碳源，蛋白胨主要作为氮源，KH_2PO_4、$MgSO_4 \cdot 7H_2O$ 作为无机盐，为微生物提供钾、磷、镁离子。这种培养基的特点是培养基中加入的孟加拉红和链霉素能有效地抑制细菌和放线菌的生长，而对真菌无抑制作用，因而真菌在这种培养基上可以得到优势生长，从而达到分离真菌的目的。

马丁氏培养基配方如下。KH_2PO_4 1g、$MgSO_4 \cdot 7H_2O$ 0.5g、蛋白胨 5g、葡萄糖 10g、琼脂 15~20g、水 1 000mL，pH 值不需调整，此培养液 1 000mL 加 1%孟加拉红水溶液 3.3mL。临用时以无菌操作在 100mL 培养基中加入 1%的原核微生物 0.3mL，使其终浓度为 30μg/mL。

【任务要求】

（1）熟悉培养基的配制基本原则和要求。
（2）了解培养基配制的常用原料及作用。
（3）学习并掌握配制培养基的一般方法和步骤。

【训练材料】

1. 溶液或试剂

牛肉膏、蛋白质、NaCl、琼脂、1mol/L NaOH、1mol/L HCl、可溶性淀粉、KNO_3、$K_2HPO_4 \cdot 3H_2O$、$MgSO_4 \cdot 7H_2O$、$FeSO_4 \cdot 7H_2O$、KH_2PO_4、葡萄糖、孟加拉红（1%水

溶液)、链霉素（1%水溶液）。

2. 仪器或其他用具

试管、三角瓶、烧杯、量筒、玻棒、培养基分装装置、天平、牛角匙、高压蒸汽灭
菌锅、pH试纸（pH值为5.5～9.0）、棉、牛皮纸、记号笔、麻绳、纱布、装有5～10
粒玻璃珠的无菌三角瓶、无菌注射器、无菌平皿等。

3. 动物

健康的兔或羊。

【操作训练】

1. 牛肉膏蛋白胨培养基的制备

（1）称量。按培养基配方比例依次准确地称取牛肉膏、蛋白胨、NaCl放入烧杯中。
牛肉膏常用玻棒挑取，放在小烧杯或表面皿中称量，用热水溶化后倒入烧杯。也可放在
称量纸上，称量后直接放入水中，这时如稍微加热，牛肉膏便会与称量纸分离，然后立
即取出纸片。

蛋白胨很易吸湿，在称取时动作要迅速。另外，称药品时严防药品混杂，一把牛角匙
用于一种药品，或称取一种药品后，洗净，擦干，再称取另一药品，瓶盖也不要盖错。

（2）溶化。在上述烧杯中先加入少于所需要的水量，用玻棒搅匀，然后在石棉网
上加热使其溶解，或在磁力搅拌器上加热溶解。将药品完全溶解后，补充水到所需的总
体积，如果配制固体培养基时，将称好的琼脂放入已溶的药品中，再加热溶化，最后补
足所损失的水分。

在琼脂溶化过程中，应控制火力，以免培养基因沸腾而溢出容器。同时，需不断搅
拌，以防琼脂糊底烧焦。配制培养基时，不可用铜或铁锅加热溶化，以免离子进入培养
基中，影响细菌生长。

（3）调pH值。在未调pH值前，先用精密pH试纸测量培养基的原始pH值，如果
偏酸，用滴管向培养基中逐滴加入1mol/L NaOH，边加边搅拌，并随时用pH试纸测其
pH值，直至pH值达7.6。反之，用1mol/L HCl进行调节。

对于有些要求pH值较精确的微生物，其pH值的调节可用酸度计进行（使用方法、
可参考有关说明书）。

pH值不要调过头，以避免回调而影响培养基内各离子的浓度。配制pH值低的琼脂
培养基时，若预先调好pH值并在高压蒸汽下灭菌，则琼脂因水解不能凝固。因此，应将
培养基的成分和琼脂分开灭菌后再混合，或在中性pH值条件下灭菌，再调整pH值。

（4）过滤。趁热用滤纸或多层纱布过滤，以利某些实验结果的观察。一般无特殊
要求的情况下，这一步可以省去。

（5）分装。按实验要求，可将配制的培养基分装入试管内或三角烧瓶内。分装装
置见图1-12。①液体分装。分装高度以试管高度的1/4左右为宜。分装三角瓶的量则
根据需要而定，一般以不超过三角瓶容积的一半为宜，如果是用于振荡培养用，则根据

通气量的要求酌情减少；有液体培养基在灭菌后，需要补加一定量的其他无菌成分，如抗生素等，则装量一定要准确。②固体分装。分装试管，其装量不超过管高的 1/5，灭菌后制成斜面。分装三角烧瓶的量以不超过三角烧瓶容积的一半为宜。③半固体分装。试管一般以试管高度的 1/3 为宜，灭菌后垂直待凝。分装过程中，注意不要使培养基粘在管（瓶）口上，以免粘到棉塞而引起污染。

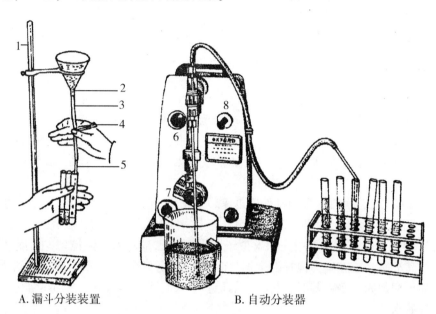

A. 漏斗分装装置   B. 自动分装器

1—铁架；2—漏斗；3—乳胶管；4—弹簧夹；5—玻管；6—流速调节；7—装置调节；8—开关。

图 1-12　培养基分装装置

（6）加塞。培养基分装完毕后，在试管口或三角烧瓶口上塞上棉塞（或泡沫塑料塞及试管帽等），以阻止外界微生物进入培养基内而造成污染，并保证有良好的通气性能（图 1-13）。

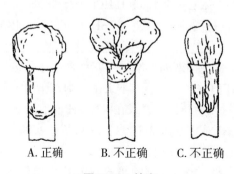

A. 正确   B. 不正确   C. 不正确

图 1-13　棉塞

（7）包扎。加塞后，将全部试管用麻绳捆好，再在棉塞外包一层牛皮纸，以防止灭菌时冷凝水润湿棉塞，其外再用一道麻绳扎好。用记号笔注明培养基名称、组别、配制日期。三角烧瓶加塞后，外包牛皮纸，用麻绳以活结形式扎好，使用时容易解开，同样用记号笔注明培养基名称、组别、配制日期。有条件的实验室，可用市售的铝箔代替牛皮纸，省去用绳扎，而且效果好。

（8）灭菌。将上述培养基以 0.1MPa、121℃，高压蒸汽灭菌 20min。

（9）摆斜面。将灭菌的试管培养基冷却至 50℃ 左右（以防斜面上冷凝水太多），将试管口端搁在玻棒或其他合适高度的器具上，搁置的斜面长度以不超过试管总长的一半为宜（图 1-14）。

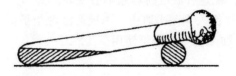

图 1-14 摆斜面

（10）无菌检查。将灭菌培养基放入 37℃ 的温室中培养 24~48h，以检查灭菌是否彻底。

2. 高氏 I 号培养基的制备

（1）称量和溶化。按配方先称取可溶性粉、放入小烧杯中，并用少量冷水将淀粉调成糊状，再加入少于所需少量的沸水中，继续加热，使可溶性淀粉完全溶化。然后再称取其他各成分依次逐一溶化。对微量成分 $FeSO_4 \cdot 7H_2O$ 可先配成高浓度的贮备液按比例换算后再加入，方法是先在 100mL 水中加入 1g 的 $FeSO_4 \cdot 7H_2O$ 配成 0.01g/mL，再在 1 000mL 培养基中加 1mL 的 0.01g/mL 的贮备液即可。待所有药品完全溶解后，补充水分到所需的总体积。如要配制固体培养基，其溶化过程同牛肉膏蛋白胨培养基的制备。

（2）pH 值调节、分装、包扎、灭菌及无菌检查同牛肉膏蛋白胨培养基的制备。

3. 马丁氏培养基的制备

（1）称量和溶化。按培养基配方，准确称取各成分，并将各成分依次溶化在少于所需要的水量中。将各成分完全溶化后，补足水分到所需体积。再将孟加拉红配成 1% 的溶液，在 1 000mL 培养基中加入 1% 孟加拉红溶液 3.3mL，混匀后，加入琼脂加热溶化。

（2）分装、加塞、包扎、灭菌、无菌检查与牛肉膏蛋白胨培养基的制备相同。

（3）链霉素的加入，将链霉素配成 1% 的溶液，在 100mL 培养基中加 1% 链霉素液 0.3mL。由子链霉素受热容易分解，所以临用时，将培养基溶化后待温度降至 45~50℃ 时才能加入。

4. 血液琼脂培养基的制备

（1）牛肉膏蛋白胨琼脂培养基的制备。

（2）无菌脱纤维兔血（或羊血）的制备。用配备18号针头的注射器以无菌操作抽取全血，并立即注入装有无菌玻璃珠（约3mm）的无菌三角瓶中，然后摇动三角瓶10min左右，形成的纤维蛋白块会沉淀在玻璃珠上，把含血细胞和血清的上清液倾入无菌容器即得到脱纤维兔血（或羊血），置冰箱备用。整个过程必须严格无菌操作；制备脱纤维血液时，应摇动足够时间以防凝固。

（3）将牛肉膏蛋白胨琼脂培养基溶化，待冷却至45~50℃时，以无菌操作按10%加入无菌脱纤维兔血（或羊血）于培养基中，立即摇荡，以便血液和培养基充分混匀，45~50℃加入血液是为了保存其中某些不耐热的营养物质和血细胞的完整，以便于观察细菌的溶血作用。同时，在这种温度时琼脂不会凝固。

（4）迅速以无菌操作倒入无菌平皿中，形成血液琼脂平板。注意不要产生气泡。

（5）置37℃过夜，如无菌生长即可使用。

【实验报告】

按实际配制培养基的操作内容，完成实验报告。

【思考题】

（1）培养基配好后，为什么必须立即灭菌？如何检查灭菌后的培养基是无菌的？

（2）在配制培养基操作过程中应注意什么问题？为什么？

（3）配制合成培养基加入微量元素时最好用什么方法加入？天然培养基为什么不需要另加微量元素？

（4）自然环境中微生物是生长在不按比例的基质中，为什么在配制培养基时要注意各种营养成分的比例？

（5）实验中配制的高氏Ⅰ号培养基有沉淀产生吗？说明沉淀产生或未产生的原因。

（6）细菌可以在高氏Ⅰ号培养基上生长吗？为了分离放线菌，应该采取什么措施？

（7）什么是选择性培养基？它在微生物学工作中有何重要性？

（8）现有培养基成分如下。葡萄糖10g、NaCl 0.2g、K_2SO_4 0.2g、琼脂20g、$K_2HPO_4 \cdot 3H_2O$ 0.2g、$MgSO_4 \cdot 7H_2O$ 0.2g、$CaCO_3$ 5g、蒸馏水1 000mL，pH值为7.2~7.4。①分析各营养成分的作用。②根据培养基成分来源和物理状态，此培养基属何种类型培养基？③此培养基的用途是什么？并说明其理由。

（9）如果在用马丁氏培养基分离真菌时，发现有细菌生长，是什么原因？如何进一步分离纯化得到所需要的真菌？

（10）马丁氏培养基的pH值不需调整，根据配制其他培养基的经验和所学知识，此培养基灭菌后应偏酸还是偏碱？为什么？

（11）在培养、分离和保存病原微生物时，为什么培养基中要加入脱纤维血液？

（12）在制备血培养基时，所加入的血液不经脱纤维处理可以吗？为什么？

项目八 动物实验的一般知识与基本操作

动物实验是生命科学研究的基本手段，熟练的动物实验操作技术和技巧，是顺利完成动物实验并取得准确、可靠结果的保证。以下介绍几种动物实验中常见的实验动物及常用的实验操作。

一、实验动物的种类

实验动物是指供生物医学实验而科学育种、繁殖和饲养的动物。高质量的实验动物是指通过遗传学与微生物学的控制，培育出来的个体；这些个体具有较好的遗传均一性、对外来刺激的敏感性和实验再现性。常用实验动物的种类及其特点如下。

1. 青蛙与蟾蜍

两者均属于两栖纲、无尾目，是教学实验中常用的小动物。其心脏在离体情况下仍可有节奏地搏动很久，常用于心脏生理、病理和药理实验。其坐骨神经-腓肠肌标本可用来观察各种刺激或药物对周围神经、横纹肌或神经肌接头的作用。蛙舌与肠系膜是观察炎症反应和微循环变化的良好标本。此外，蛙类还能用于水肿和肾功能不全实验。

2. 小白鼠

哺乳纲、啮齿目、鼠科。是医学实验中用途最广泛和最常用的动物。因其繁殖周期短，产仔多，生长快，饲养消耗少，温顺易捉，操作方便，又能复制出多种疾病模型，适用于需大量动物的实验。如药物的筛选、半数致死量或半数有效量的测定等。也适用于避孕药、缺氧、抗肿瘤药等方面的研究。

3. 大白鼠

鼠科。性情不如小白鼠温顺。受惊时表现凶恶，易咬人。雄性大白鼠间常发生斗殴和咬伤。具有小白鼠的其他优点。用途广泛，如用于胃酸分泌、胃排空、水肿、炎症、休克、心功能不全、黄疸、肾功能不全等的研究。观察药物抗炎作用时，常利用大白鼠的踝关节进行实验。

4. 豚鼠

又名天竺鼠、荷兰猪。哺乳纲，啮齿目、豚鼠科。性情温顺。因其对组胺敏感，并易于致敏，故常选用于抗过敏药（如平喘药和抗组胺药）的实验。又因它对结核分枝杆菌敏感，也常用于抗结核病药的治疗研究。此外，常用于离体心房、心脏实验和钾代谢障碍、酸碱平衡紊乱的研究。

5. 家兔

属哺乳纲，啮齿目、兔科。品种很多，常用的品种如下。①青紫蓝兔，体质强壮，适应性强，易于饲养，生长较快。②中国本地兔（白家兔），抵抗力不如青紫蓝兔强。③新西兰白兔，是近年来引进的大型优良品种，成熟兔体重在 4~5.5kg。④大耳白兔，耳朵长大，血管清晰，皮肤白色，但抵抗力较差。

家兔性情温顺，是本课程实验中最常用的动物。可用于血压、呼吸、尿生成等多种实验，还可用于钾代谢障碍、酸碱平衡紊乱、水肿、炎症、缺氧、发热、DIC、休克、心功能不全等研究。由于兔体温变化较敏感，也常用于体温实验及致热原检查。

6. 猫

哺乳纲、食肉目，猫科。猫的血压比较稳定，而兔的血压波动较大，故观察血压反应猫比兔好。猫也用于心血管药和镇咳药的实验。

7. 犬

哺乳纲、食肉目，犬科。嗅觉灵敏，对外环境适应力强；血液、循环、消化和神经系统均很发达、与人类较接近、易于驯养，经过训练能很好地配合实验。适用于许多急、慢性实验，尤其是慢性实验，是最常用的动物。但由于价格较昂贵，故常用于血压、酸碱平衡、DIC、休克等大实验。

二、实验动物的编号、捉拿与固定

（一）实验动物的编号

实验时，为了分组和辨别的方便，常需事先为实验动物进行编号。犬、兔等动物可用特制的铝号码牌固定于耳上。白色家兔和小鼠等可用黄色苦味酸溶液涂于身体特定部位的毛上标号。例如编号 1～10，将小白鼠背部分为前肢、腰部、后肢共 9 个区域，从右到左为 1～9 号，第 10 号不涂黄色（图 1-15）。

图 1-15　小鼠背部的编号

（二）实验动物的捉拿方法

1. 蛙和蟾蜍

用左手握持动物，以食指和中指夹住双侧前肢。捣毁脑和脊髓时，左手食指和中指夹持蛙或蟾蜍的头部，右手将探针经枕骨大孔向前刺入颅腔，左右摆动探针捣毁脑组织。然后退回探针向后刺入椎管内破坏脊髓。固定方法根据实验要求。

2. 小鼠

捉拿法有两种：一种是用右手提起尾部，放在鼠笼盖或其他粗糙面上，向后上方轻拉，此时小鼠前肢紧紧抓住粗糙面，迅速用左手拇指和食指捏住小鼠颈背部皮肤并用小指和手掌尺侧夹持其尾根部固定手中；另一种抓法是只用左手，先用拇指和食指抓住小鼠尾部，再用手掌尺侧及小指夹住尾根，然后用拇指及食指捏住其颈部皮肤。前一方法简单易学，后一方法难，但捉拿快速，给药速度快（图 1-16）。

3. 大鼠

捉拿及固定方法基本同小鼠，捉拿时，右手抓住鼠尾，将大鼠放在粗糙面上。左手戴上防护手套或用厚布盖住大鼠。抓住整个身体并固定其头部以防被咬伤，捉拿时勿用力过大过猛，勿捏其颈部，以免引起窒息。大鼠在惊恐或激怒时易将实验操作者咬伤，

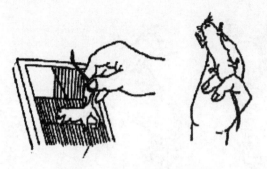

图1-16　小鼠的捉拿及固定法

在捉拿时应注意（图1-17）。

4. 豚鼠

捉拿时以拇指和中指从豚鼠背部绕到腋下抓住豚鼠，另一只手托住其臀部。体重小者可用一只手捉拿，体重大者捉拿时宜用双手。（图1-18）。

图1-17　大鼠抓取方法

图1-18　豚鼠抓取方法

5. 家兔

捉拿时一手抓住其颈背部皮肤。轻轻将兔提起，另一手托住其臀部（图1-19）。

6. 猫

捉拿时先轻声呼唤，慢慢将手伸入猫笼中，轻抚猫的头、颈及背部，抓住其颈背部皮肤并以另一手抓其背部。如遇凶暴的猫，不让接触或捉拿时，可用套网捉拿。操作时注意猫的利爪和牙齿，勿被其抓伤或咬伤，必要时可用固定袋将猫固定。

（三）实验动物的固定

1. 犬的固定方法

（1）犬的捆绑。在麻醉和固定犬时，为避免其咬人，应事先将其嘴捆绑。方法如下。用一根粗绳兜住下颌，在上颌打一结（此处也可不打结；打结时勿激怒动物），然

1、2、3均为不正确的提取方法（1—可伤两肾；2—可造成皮下出血；3—可伤两耳）。

4、5正确的提取方法，颈后部的皮厚可以抓，并用手托住兔体。

图1-19 抓兔方法

后将两绳端绕向下颌再作一结，最后将两绳端引至耳后部，在颈项上打第三结，在该结上再打一活结。捆绑犬嘴的目的是避免其咬人，故犬进入麻醉状态后，应立即解绑；尤其用乙醚麻醉时更应特别注意。因为犬嘴被捆绑后，犬只能用鼻呼吸，如果此时鼻腔有多量黏液填积，就可能造成窒息。有些麻醉药可引起呕吐，应尤其注意。

（2）头部的固定。麻醉完毕后，将犬固定在手术台或实验台上。固定的姿势，依手术或实验种类而定；一般多采取仰卧位或俯卧位。前者便于进行颈、胸、腹、股等部位的实验，后者便于脑和脊髓实验。固定犬头用特别的犬头夹。犬头夹为一圆铁圈，圈的中央横有两根铁条，上面的一根略呈弯曲，与螺旋铁棒相连；下面的一根平直，并可抽出。固定时先将犬舌拽出，将犬嘴伸入铁圈，再将平直铁条插入上下颌之间，然后下旋螺旋铁棒，使弯形铁条压在鼻梁上（俯卧位固定时）或下颌上（仰卧位固定时）。铁圈附有铁柄，用以将犬头夹固定在实验台上。

（3）四肢的固定。一般在头部固定后，再固定四肢。先用粗棉绳的一端缚扎于踝关节的上方。若动物取仰卧位，可将两后肢左右分开，将棉绳的另一端分别绑在手术台两侧的木钩上，而前肢须平直放在躯干两侧。为此可将绑在左右前肢的两根棉绳从犬背后交叉穿过，压住对侧前肢小腿，分别缚在手术台两侧的木钩上。绑扎四肢的扣结见图1-20。

图 1-20 绑扎动物四肢的扣结

2. 猫和兔的固定方法

（1）头部的固定。固定猫头和兔头可用特制的猫头夹和兔头夹。兔头夹为附有铁柄的半圆形铁甲和一可调铁圈。固定时，先将麻醉好的兔颈部放在半圆形的铁圈上，再把嘴伸入可调铁圈内，最后将兔头夹的铁柄固定在实验台上。或用一根粗棉绳，一端栓动物的两颗上门齿，另一端拴在实验台的铁柱上。做颈部手术时，可将一粗注射器筒垫于动物的颈下，以抬高颈部，便于操作。以上方法较适于仰卧位固定。动物取俯卧位时（特别头颅部实验时），常用马蹄形头固定器固定。

（2）四肢的固定。猫和兔取仰卧位时，方法与上述犬仰卧位四肢固定方法相同；若动物取俯卧位，前肢绑绳即不必左右交叉，将四肢绑绳直接固定在实验台两侧前后固定钩上即可。

三、实验动物的给药方法

（一）经口给药法

1. 灌胃法

（1）小鼠灌胃法。左手拇指和食指捏住小鼠颈背部皮肤，无名指或小指将尾部紧压在手掌上，使小鼠腹部向上。右手持灌胃管（1~2mL 注射器上连接以由 7 号注射针头尖端磨钝后稍加弯曲制成的灌胃管或玻璃制成的灌胃管），灌胃管长 4~5cm，直径约 1mm。操作时，经口角将灌胃管插入口腔。用胃管轻压小鼠头部，使口腔和食道成一直线，再将胃管前端插入到达膈肌水平（体重 20g 左右的小鼠），此时可稍感有抵抗。如此时动物无呼吸异常，即可将药注入，如遇阻力或动物憋气时则应抽出重插。如误插入气管时可引起动物立即死亡。药液注完后轻轻退出胃管。操作时宜轻柔，细致，切忌粗暴，以防损伤食道及膈肌（图 1-21）。

图 1-21 小鼠灌胃法

（2）大鼠灌胃法。一只手的拇指和中指分别放到大鼠的左右腋下，食指放于颈部，使大鼠伸开两前肢，握住动物。灌胃法与小鼠相似。采用的灌胃管长 6~8cm，直径约为 1.2mm，尖端呈球状。插管时，为防止插入气管，应先抽回注射器针栓，无空气抽回说明不在气管内，即可注药。一次药量每 100g 体重可注射 1mL。

（3）豚鼠灌胃法。助手以左手从动物背部把后肢伸开，握住腰部和双后肢，用右手拇、食指夹持两前肢。术者右手持灌胃管沿豚鼠上颚壁滑行，插入食道，轻轻向前推进插入胃内。插管时亦可用木制或竹制的开口器，将导管穿过开口器中心的小孔插入胃内。插管完毕后，先回抽注射器针栓，无空气抽出时，再慢慢推注药液；如有空气抽回时，说明插入气管，应拔出重插。药物注完后再注入生理盐水 2mL，冲净管内残存药物。当拔出插管时，应捏住导管的开口端，慢慢抽出，当抽到近咽喉部时应快速抽出，以防残留的液体进入咽喉部而呛坏动物。

（4）兔灌胃法。用兔固定箱，可一人操作。右手将开口器固定于兔口中，左手将导管经开口器中央小孔插入。如无固定箱，则需两人协作进行，一人坐好，腿上垫好围裙，将兔的后肢夹于两腿间，左手抓住双耳，固定其头部，右手抓住其两前肢。另一人将开口器横放于兔口中，将兔舌压在开口器下面。此时助手的双手应将兔耳、开口器和两前肢同时固定好，另一人将导管自开口器中央的小孔插入，慢慢沿兔口腔上颚壁插入食道 15~18cm。插管完毕将胃管的外口端放入水杯中，切忌伸入水过深。如有气泡从胃管逸出，说明不在食道内而是在气管内，应拔出来重插。如无气泡逸出，则可将药推入，并以少量清水冲洗胃管，胃管最后的拔出同豚鼠（图 1-22）。

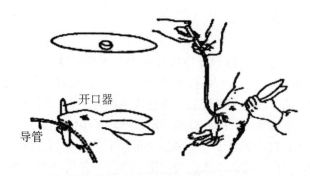

开口器

导管

图 1-22　家兔灌胃法

2. 口服法

如药物为固体剂型时，可直接将药物放入某些动物口中，令其口服咽下。

（二）注射给药法

1. 皮下注射

（1）小鼠皮下注射。通常在背部皮下注射，注射时以左手拇指和中指将小鼠颈背部皮肤轻轻提起，食指轻按其皮肤，使其形成一个三角形小窝，右手持注射器从三角窝下部刺入皮下，轻轻摆动针头，如易摆动时则表明针尖在皮下，此刻可将药液注入，针头拔出后，以左手在针刺部位轻轻捏住皮肤片刻，以防药液流出。大批动物注射时，可将小鼠放在鼠笼盖或粗糙平面上，左手拉住尾部，小鼠自然向前爬动，此时右手持针迅速刺入背部皮下，推注药液。

（2）大鼠皮下注射。注射部位可在背部或后肢外侧皮下，操作时轻轻提起注射部位皮肤，将注射针头刺入皮下，一次注射量应小于 1mL/100g。

（3）豚鼠皮下注射。部位可选用两肢内侧、背部、肩部等皮下脂肪少的部位。通常在大腿内侧注射针头与皮肤呈 45°刺入皮下，确定针头在皮下推入药液，拔出针头后，拇指轻压注药部位片刻。

（4）兔皮下注射法。参照小鼠皮下注射法。

2. 腹腔注射法

（1）小鼠腹腔注射。左手固定动物，使腹部向上，头呈低位。右手持注射器，在小鼠右侧下腹部刺入皮下，沿皮下向前推进 3~5mm，然后刺入腹腔。此时有抵抗力消失之感觉，这时在针头保持不动的状态下推入药液。一次可注射量为每克体重 0.01~0.02mL。应注意切勿使针头向上注射，以防针头刺伤内脏。

（2）大鼠、豚鼠、兔、猫等的腹腔注射。可参照小鼠腹腔注射法。但应注意家兔与猫在腹白线两侧注射，离腹白线约 1cm 处进针。

3. 肌内注射法

（1）小鼠、大鼠、豚鼠肌内注射。一般因肌肉少，不做肌内注射，如需要时，可将动物固定后，一手拉直动物左或右侧后肢，将针头刺入后肢大腿外侧肌肉内，用 5~7 号针头，小鼠一次注射量不超过 0.1mL/只。

（2）兔肌内注射。固定动物，右手持注射器，令其与肌肉呈 60°一次性刺入肌肉中，先抽回针栓，无回血时将药液注入，注射后轻按摩注射部位，帮助药液吸收。

4. 静脉注射法

（1）小鼠、大鼠。多采用尾静脉注射，先将动物固定于固定器内（可采用筒底有小口的玻璃筒、金属或铁丝网笼）。将全部尾巴露在外面，以右手食指轻轻弹尾尖部，必要时可用 45~50℃的温水浸泡尾部或用 75%乙醇擦拭尾部，使全部血管扩张充血、表皮角质软化，以拇指与食指捏住尾部两侧，尾静脉充盈更明显，以无名指和小指夹持尾尖部，中指从下托起尾巴固定之。用 4 号针头，针头与尾部呈 30°刺入静脉，推动药液无阻力、且可见沿静脉血管出现一条白线说明在血管内，可注药。如遇到阻力较大，皮下发白且有隆起时，说明不在静脉内，需拔出针头重新穿刺。注射完毕后，拔出针头，轻按注射部止血。一般选择尾两侧静脉，并宜从尾尖端开始，渐向尾根部移动，以备反复应用。一次注射量为每克体重 5~10μL。大鼠亦可舌下静脉注射或把大鼠麻醉后，切开其大腿内侧皮肤进行股静脉注射，也可颈外静脉注射。

（2）豚鼠。可选用多部位的静脉注射，如前肢皮下头静脉、后肢小隐静脉、耳壳静脉或雄鼠的阴茎静脉，偶可心内注射。

一般前肢皮下头静脉穿刺易成功。也可先将后肢皮肤切开，暴露胫前静脉，直接穿刺注射，注射量不超过 2mL。

（3）家兔。家兔静脉注射一般采用耳缘静脉。耳缘静脉沿耳背后缘走行，较粗，剪除其表面皮肤上的毛并用水湿润局部，血管即显现出来。注射前可先轻弹或揉擦耳尖部并用手指轻压耳根部，刺入静脉（第一次进针点要尽可能靠远心端，以便为以后的进针留有余地）后顺着血管平行方向深入 1cm，放松对耳根处血管的压迫，左手拇指和食指移至针头刺入部位，将针头与兔耳固定。进行药物注射。若注射阻力较大或出现局部肿胀，说明针头没有刺入静脉，应立即拔出针头，在原注射点的近心端重新刺入。注射完毕，拔出针头，用棉球压住针刺孔，以免出血。若实验过程中需补充麻药或静脉给药，也可不拔出针头，而用动脉夹将针头与兔耳固定，只拔下注射器筒，用一根与针头内径吻合且长短适宜的针芯（可用针灸针代替）插入针头小管内，防止血液流失，以备下次注射时使用（图 1-23）。

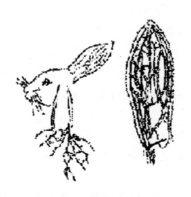

图 1-23　兔耳静脉注静

（4）犬。抓取犬时，要用特制的钳式长柄夹夹住犬颈部将它压倒在地，由助手将其固定好，剪去前肢或后肢皮下静脉部位的被毛（前肢多取内侧的头静脉，后肢多取外侧面的小隐静脉），静脉注射麻药或试验药物（图 1-24）。

图 1-24　犬后肢静脉注射给药法

5. 淋巴囊注射法

蛙及蟾蜍常用淋巴囊给药。蛙及蟾蜍有数个淋巴囊（图 1-25），该处注射药物易被

50

吸收。一般多为腹淋巴囊作为注射部位，将针头先经蛙后肢上端刺入，经大腿肌肉层，再刺入腹壁皮下腹淋巴囊内，然后注入药液。这种注射方法可防止拔出针头后药液外逸。注射量为 0.25~1.0mL/只。

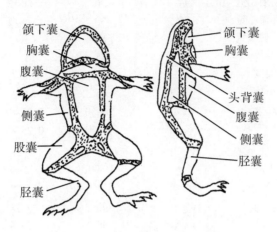

图 1-25　蛙及蟾蜍的皮下淋巴囊

四、实验动物的麻醉

（一）麻醉药的种类

进行在体动物实验时，宜用清醒状态的动物，这样将更接近生理状态，有的实验必须用清醒动物。但在进行手术时或实验时为了消除疼痛或减少动物挣扎而影响实验结果，必须使用麻醉药，用麻醉动物进行实验。麻醉动物时，应根据不同的实验要求和不同的动物选择麻醉药。

1. 局部麻醉

如以 0.5%~2% 普鲁卡因给兔颈部皮下作浸润麻醉，可进行局部手术。

2. 全身麻醉

（1）吸入麻醉。将蘸有乙醚（ether）的棉球上放入玻璃罩内，利用其易挥发的性质，经呼吸道进入肺泡，对动物进行麻醉。可用于各种动物。适用于时间短的手术过程或试验，吸入后 15~20min 开始发挥作用。采用乙醚麻醉的优点是麻醉的深度易于掌握，比较安全，麻醉后苏醒快。缺点是需要专人管理。在麻醉初期常出现强烈兴奋现象，对呼吸道有较强的刺激作用。对于经验不足的操作者，用乙醚麻醉动物时容易因麻醉过深而致动物死亡。另外，乙醚易燃、易爆，对人也有麻醉作用，使用时应避火、通风、注意安全。

（2）注射麻醉。常用药物及给药途径见表 1-7。

表 1-7　注射麻醉药的剂量及给药途径

药物（常用浓度）	动物	给药法	剂量（mg/kg）	维持时间（h）	备注
戊巴比妥钠（1%~5%）	犬、猫、兔	IV	30	1~2	
	犬、猫、兔	IP	30	1~2	
	犬、猫、兔	IH	50	1~2	
	豚鼠	IP	45	1~2	
	大鼠	IP	45	1~2	
	小鼠	IP	45	1~2	
硫喷妥钠（5%）	犬、猫、兔、大鼠	IV、IP	20~30	0.25~0.5	抑制呼吸，IV宜慢，应临用时配
		IV、IP	30~50	0.25~0.5	
乌拉坦（20%）	猫、兔、大鼠	IV、IP	900~1 000	2~4	毒性小，较安全
	小鼠	IM	1 300	2~4	
	蛙	淋巴囊	2 000	2~4	
氯醛糖（2%）	猫、兔	IV、IP	80	5~6	安全，肌松不全
	大鼠	IV、IP	80	5~6	
氯乌合剂	猫、兔	IV、IP	氯75，乌750	5~6	

注：IV，静脉注射；IP，腹腔注射；IM，肌内注射；IH，皮下注射；氯乌合剂中，氯为氯醛糖，乌为乌拉坦。

巴比妥类。各种巴比妥类药物的吸收和代谢速度不同，其作用时间也有长有短。戊巴比妥钠（Sodium pentobarbital；Nembutal）作用时间为1~2h，属中效巴比妥类，实验中最为常用。常配成1%~5%的水溶液，由静脉或腹腔给药。环己烯巴比妥类（Sodium hexobarbital；Sodium evipan）作用时间为15~20min，硫喷妥钠（Sodium thiopental；Sodium pentothal）作用时间仅10~15min，属短效或超短效巴比妥类，适用于较短时程的实验。

巴比妥类对呼吸中枢有较强的抑制作用，麻醉过深时，呼吸活动可完全停止。故应注意防止给药过多过快。对心血管系统也有复杂的影响，故这类药物用于研究心血管机能的实验动物麻醉，是不够理想的。

氯醛糖。本药溶解度较小，常配成1%水溶液。使用前需先在水浴锅中加热，使其溶解，但加热温度不宜过高，以免降低药效。本药的安全度大，能导致持久的浅麻醉，对植物性神经中枢的机能无明显抑制作用，对痛觉的影响也极微，故特别适用于研究要求保留生理反射（如心血管反射）或研究神经系统反应的实验。

乌拉坦。又名氨甲乙酸乙酯（Urethane），与氯醛糖类似，可导致较持久的浅麻醉，对呼吸无明显影响。乌拉坦对兔的麻醉作用较强，是家兔急性实验常用的麻醉药。对猫和犬则奏效较慢，在大鼠和兔能诱发肿瘤，需长期存活的慢性实验动物最好不用它麻醉。本药易溶于水，使用时配成10%~25%的溶液。

实验生理科学实验中常将氯醛糖与乌拉坦混合使用。以加温法将氯醛糖溶于

25%的乌拉坦溶液内，使氯醛糖的浓度为5%。犬和猫静脉注射剂量为每千克体重用1.5~2mL混合液，其中氯醛糖剂量为每千克体重75~100mg。兔也可用此剂量作静脉注射。

与乙醚比较，巴比妥类、氯醛糖和乌拉坦等非挥发性麻醉药的优点是使用方法简便；一次给药（硫喷妥钠和环己烯巴比妥钠除外）可维持较长时间的麻醉状态；手术和实验过程中不需要专人管理麻醉；而且麻醉过程比较平稳，动物无明显挣扎现象。缺点是苏醒较慢。

（二）各种动物的麻醉方法

（1）小白鼠。根据需要选用吸入麻醉或注射麻醉。注射麻醉时多采用腹腔注射法。

（2）大白鼠。多采用腹腔麻醉。也可用吸入麻醉。

（3）豚鼠。可进行腹腔麻醉，也可将药液注入背部皮下。

（4）猫。多用腹腔麻醉，也可用前肢或后肢皮下静脉注射法。

（5）兔。多采用耳缘静脉麻醉。注射麻药时前2/3量注射应快，后1/3量要慢，并密切注意兔的呼吸及角膜反射等的变化。在用巴比妥类麻药时，特别要注意呼吸的变化，当呼吸由浅而快转为深而慢时，表明麻醉深度已足够，应停止继续注射。

（6）犬。多用前肢或后肢皮下静脉注射。

（三）麻醉时的注意事项

（1）不同动物个体对麻醉药的耐受性是不同的。因此，在麻醉过程中，除参照上述一般药物用量标准外，还必须密切注意动物的状态，以决定麻药的用量。麻醉的深浅，可根据呼吸的深度和快慢、角膜反射的灵敏度、四肢及腹壁肌肉的紧张性以及皮肤夹捏反应等进行判断。当呼吸突然变深变慢、角膜反射的灵敏度明显下降或消失，四肢和腹壁肌肉松弛，皮肤夹捏无明显疼痛反应时，应立即停止给药。静脉注药时应坚持先快后慢的原则，避免动物因麻醉过深而死亡。

（2）麻醉过深时，最易观察到的是呼吸极慢甚至停止，但仍有心跳。此时首要的处理措施是立即进行人工呼吸。可用手有节奏地压迫和放松胸廓，或推压腹腔脏器使膈上下移动，以保证肺通气。与此同时，迅速作气管切开并插入气管套管，连接人工呼吸机以代替徒手人工呼吸，直至主动呼吸恢复。还可给予苏醒剂以促恢复。常用的苏醒剂有咖啡因（每千克体重1mg）、尼可刹米（每千克体重2~5mg）和山梗菜碱（每千克体重0.3~1mg）等。心跳停止时应进行心脏按摩，注射温热生理盐水和肾上腺素。

（3）实验过程中如麻醉过浅，可临时补充麻醉药，但一次注射剂量不宜超过总量的1/5。

五、实验动物的取血方法

1. 小鼠

（1）断头取血。这是常用、简便的一种取血法，操作时抓住动物，用剪刀剪掉头部，立即将鼠颈部向下，提起动物，并对准已准备好的容器（内放抗凝剂），鼠血快速滴入容器内。

（2）眶动脉或眶静脉取血。将动物倒持压迫眼球，使其突出充血后，用止血钳迅速摘除眼球后，眼眶内很快流出血液，将血滴入加有抗凝剂的玻璃器皿内，直至不流为止。一般可取得相当于动物体重4%～5%的血液量。用毕动物即死亡，只适用于一次性取血。

（3）眼眶后静脉丛取血。用玻璃毛细管，内径为1.0～1.5cm，临用前折断成1～1.5cm长的毛细管段，浸入1%肝素溶液中，取出干燥。取血时左手抓住鼠两耳之间的颈背部皮肤，使头部固定，并轻轻向下压迫颈部两侧，引起头部静脉血液回流困难，使眼眶静脉丛充血，右手持毛细管，将其新折断端插入眼睑与眼球之间后，轻轻向眼底部方向移动，并旋转毛细管以切开静脉丛，保持毛细管水平位，血液即流出，以事先准备的容器接收。取血后，立即拔出取血管，放松左手即可止血。小鼠、大鼠、豚鼠及家兔均采取此法取血。其特点是可根据实验需要，在数分钟内在同一部位反复取血。

（4）尾尖取血。这种方法适用于采取少量血样。取血前宜先使鼠尾血管充血，室温低时可用热吹风吹，然后剪去尾尖；血即自尾尖流出。

（5）心脏取血。左手抓住鼠背及颈部皮肤，右手持注射器，在心尖搏动最明显处刺入心室，抽出血液。也可从上腹部刺入，穿过横膈膜刺入心室取血。动作要轻巧，否则，取血后动物可能死亡。

2. 豚鼠

心脏取血需两人协作进行，助手以两手将豚鼠固定，腹部向上。操作者用左手在胸骨左侧触摸到心脏搏动处，选择心跳最明显部位进针穿刺，一般是在第4～第6肋间。如针头进入心脏，则血液随心跳而进入注射器内，取血应快速，以防在管内凝血。如认为针头已刺入心脏但还未出血时，可将针头慢慢退回一点即可，失败时应拔出重新操作。

切忌针头在胸腔内左右摆动，以防损伤心脏和肺而致死。此法取血量较大，可反复采血，但需技术熟练。

3. 兔

（1）耳缘静脉取血。以小血管夹夹住耳根部，沿耳缘静脉局部涂抹二甲苯，使血管扩张，涂后即用酒精拭净。以粗针头插入耳缘静脉，拔出针头血即流出，此法简单、取血量大，可取到2～3cm，且可反复取血。

（2）颈动脉取血。先作颈动脉暴露手术，把其分离出约2～3cm长成游离状态，并在其下穿两条线，用一条结扎远心端，使血管充盈。近心端以小动脉夹夹闭，用眼科剪刀向近心端剪一"V"形小切口,插入制备好的硬塑料动脉插管,以线结扎紧,并将远心端结扎线与近心端结扎线相互结紧,防止动脉插管脱出。动物体内可注射肝素抗凝。手术完毕后,取血时打开动脉夹放出所需之血量,而后夹闭动脉夹。这样可以按照所需时间反复取血,方便而准确。但该动物只能利用一次。

4. 犬

(1)前肢皮下头静脉取血。剪毛后,助手压迫血管上端或用橡皮带扎其上端。以左手二指固定静脉后即可用注射器针头刺入取血。

(2)后肢小隐静脉取血。取血方法同前肢皮下头静脉。

【任务要求】

(1)学习对实验动物的注射接种操作方法。

(2)学习几种实验动物的采血方法。

(3)学习几种实验动物的观察与护理方法。

(4)学习实验动物尸体剖检法。

【训练材料】

1. 实验动物

家兔、小白鼠、豚鼠、大白鼠、绵羊、鸡、鱼等,要选健康无病或SPF动物。

2. 溶液或试剂

灭菌生理盐水(代替实验材料,用以注射)。

3. 仪器或其他用具

注射器(1mL)、针头(5号、7号)、剪刀、镊子、消毒煮沸器、碘酊棉花、75%酒精棉花、消毒干棉花、放家兔用特制木箱、灭菌注射器(5mL、20mL)、灭菌小试管、平皿、毛细吸管、橡皮吸管滴头、烧杯(盛自来水用)、刀片或解剖刀、小镊子、凡士林、家兔仰卧固定板或动物手术台。

4. 接种材料

有培养物(肉汤培养物或细菌悬液)、尿液、脑脊液、血液、分泌物、脏器组织悬液等。

【操作训练】

(一)实验动物接种法

1. 注射器的准备与消毒

注射器与针头一般用高压蒸汽灭菌或干热灭菌比较彻底,而且可以预先准备好,但也可用煮沸消毒法,不过消毒后不能久放。此处为不与前面章节的方法重复,主要介绍煮沸消毒法。

（1）选择大小适当而针筒与筒心号码一致的注射器，并先吸入清水，试其是否漏水，漏水的不能使用，因其注射量不准确，而且若注射材料为病原菌，则会污染环境。

（2）根据选择的动物及注射途径之不同而选用不同长短大小的针头，试验是否通气或漏水。

（3）将注射器的筒心从针筒中拔出，用一块纱布先包针筒后包筒心。并使两者在纱布内的方向一致，包好后，置煮沸消毒器中；针头也包以纱布，置煮沸消毒器之另一端；同时放入镊子一把。加入自来水，以淹没注射器为度。

（4）煮沸10min。

（5）倒去煮沸水，用镊子取出注射器，置筒心于针筒中，并牢固地装上针头，使针头的斜面与针筒上的刻度在一条直线上。

（6）吸入接种注射材料（本实验以生理盐水等代替），并排尽空气。

若材料具有传染性，则排气时以消毒棉花包住针头，以免传染材料外溢而污染环境。

2. 实验动物常用的接种方法

（1）划痕法。实验动物多用家兔，用剪毛剪剪去肋腹部长毛，再用剃刀或脱毛剂脱去被毛。以75%酒精消毒待干，用无菌小刀在皮肤上划几条平行线，划痕口可略见出血。然后用刀将接种材料涂在划口上。

（2）皮下接种（注射）。①家兔皮下接种。由助手把家兔伏卧或仰卧保定，于其背侧或腹侧皮下结缔组织疏松部分剪毛消毒，术者右手持注射器，以左手拇指、食指和中指捏起皮肤使成一个三角形皱褶，或用镊子夹起皮肤，于其底部进针。感到针头可随意拨动即表示插入皮下。当推入注射物时感到流利畅通也表示在皮下。拔出注射针头时用消毒棉球按住针孔并稍加按摩。②豚鼠皮下接种。保定和术式同家兔。③小鼠皮下注射。无须助手帮助保定。术者在做好接种准备后，先用右手抓住鼠尾，令其前爪抓住饲料罐的铁丝盖，然后用左手的拇指及食指捏住头颈部皮肤，并翻转左后使小鼠腹部朝上，将其尾巴夹在左手掌与小指之间，右手消毒术部，把持注射器，以针头稍微挑起皮肤插入皮下，注入时见有水泡微微鼓起即表示注入皮下。拔出针头后，同家兔皮下注射时一样处理。

（3）皮内接种。做家兔、豚鼠及小鼠皮内接种时，均需助手保定动物，其保定方法同皮下接种。接种时术者以左手拇指及食指夹起皮肤，右手持注射器，用细针头插入拇指及食指之间的皮肤内，针头插入不宜过深，同时插入角度要小，注入时感到有阻力且注射完毕后皮肤上有硬泡即为注入皮内。皮内接种要慢，以防使皮肤胀裂或自针孔流出注射物而散播传染。

（4）肌内接种。肌内注射部位在禽类为胸肌，其他动物为后肢股部，术部消毒后，将针头刺入肌肉内，注射感染材料。

（5）腹腔内接种。在家兔、豚鼠、小鼠作腹腔内接种，宜采用仰卧保定。接种时稍抬高后躯，使其内脏倾向前腔，在股后侧面插入针头，先刺入皮下，后进入腹腔，注射时应无阻力，皮肤也无隆起。

（6）静脉注射。①家兔的静脉注射。将家兔纳入保定器内或由助手把握住它的前、后躯保定，选一侧耳边缘静脉，先用70%酒精涂擦兔耳或以手指轻弹耳朵，使静脉怒张。注射时，用左手拇指和食指拉紧兔耳，右手持注射器，使针头与静脉平行，向心脏方向刺入静脉内，注射时无阻力且有血向前流动即表示注入静脉，缓缓注射感染材料，注射完毕用消毒棉球紧压针孔，以免流血和注射物溢出。②豚鼠静脉内接种。使豚鼠伏卧保定，腹面向下，将其后肢剃毛，用75%酒精消毒皮肤，施以全身麻醉，用锐利刀片向后肢内上侧向外下方切一长约1cm的切口，使露出尾部，用最小号针头（4号）刺入尾侧静脉，缓缓注入感染材料。接种完毕，将切口缝合一两针。③小鼠静脉接种。其注射部位为尾侧静脉。选15~20g体重的小鼠，注射前将尾部浸于约50℃温水内1~2min，使尾部血管扩张易于注射。用一烧杯扣住小鼠，露出尾部，用最小号针头（4号）刺入尾侧静脉，缓缓注入接种物，注射时无阻力，皮肤不变白、不隆起，表示注入静脉内。

（7）脑内接种法。作病毒学实验研究时，有时用脑内接种法，通常多用小鼠，特别是乳鼠（1~3日龄），注射部位是耳根连接线中点略偏左（或右）处。接种时用乙醚使小鼠轻度麻醉，术部用碘酊、酒精棉球消毒。在注射部位用最小号针头经皮肤和颅骨稍向后下刺入脑内进行注射，完后以棉球压住针孔片刻。接种乳鼠时一般不麻醉，用碘酊消毒。

家兔和豚鼠脑内接种法基本同小鼠，唯其颅骨稍硬厚，最好事先用短锥钻孔，然后再注射，深度宜浅，以免伤及脑组织。

注射量：家兔0.2mL，豚鼠0.15mL，小鼠0.03mL。凡做脑内注射后1h内出现神经症状的动物不再进行实验，认为是接种创伤所致。

（二）对实验动物的观察

动物经接种后，必须按照试验要求进行观察和护理。

1. 外表检查

注射部位皮肤有无发红、肿胀及水肿、脓肿、坏死等。检查眼结膜有无肿胀发炎和分泌物。对体表淋巴结注意有无肿胀、发硬或软化等。

2. 体温检查

注射后有无体温升高反应和体温稽留、回升、下降等表现。

3. 呼吸检查

检查呼吸次数、呼吸式、呼吸状态（节律、强度等），观察鼻分泌物的数量、色泽和黏稠性等。

4. 循环器官检查

检查心脏搏动情况，有无心动衰弱、紊乱和加速。并检查脉搏的频度节律等。

正常实验动物的体温、脉搏和呼吸频率见表1-8。

表 1-8　正常实验动物的体温、脉搏和呼吸频率

动物	体温（肛温，℃）	脉搏（次/min）	呼吸频率（次/min）
猪	38.5~40.0	60~80	10~20
绵羊或山羊	38.5~40.0	70~80	12~20
犬	37.5~39.0	70~120	10~30
猫	38.0~39.0	110~120	20~30
豚鼠	38.5~40.0	150	100~150
大鼠	37.0~38.5	—	210
小鼠	37.4~38.0	—	—
鸡	41.0~42.5	140	15~30
鸭	41.0~42.5	140~220	16~28
鸽子	41.0~42.5	140~220	16~28

（三）实验动物采血法

如欲取得清晰透明的血清，宜于早晨没有饲喂之前抽取血液。如采血量较多，则应在采血后，以生理盐水作静脉（或腹腔内）注射或饮用盐水以补充水分。

1. 家兔采血法

家兔采血法可采其耳静脉血或心脏血。耳边缘静脉采血方法基本与静脉接种相同，不同之处是以针尖向耳尖反向抽吸其血，一般可采血 1~2mL。

如需采大量血液，则用心脏采血法。动物左仰卧，由助手保定，或以绳索将四肢固定，术者在动物左前肢腋下处局部剪毛消毒，在胸部心脏跳动最明显处下针。用 12 号针头，直刺心脏，感到针头跳动或有血液向针管内流动时，即可抽血，一次可采血 15~20mL。

如采其全血，可自颈动脉放血。将动物保定，在其颈部剃毛消毒，动物稍加麻醉，用刀片在颈静脉沟内切一长口，露出颈动脉并结扎，于近心端插入一玻璃导管，使血液自行流至无菌容器内，凝后析出血清；如利用全血，可直接流人含抗凝剂的瓶内，或含有玻璃珠的三角瓶内振荡脱纤防凝。放血可达 50mL 以上。

2. 豚鼠采血法

豚鼠一般从心脏采血。助手使动物仰卧保定，术者在动物腹部心跳最明显处剪毛消毒，用针头插入胸壁稍向右下方刺入。刺入心脏则血液可自行流入针管，一次未刺中心脏或稍偏时，可将针头稍提起向另一方向再刺，如多次没有刺中，应换另一动物，否则有心脏出血致死亡的可能。

3. 小鼠采血法

可将尾端部消毒，有剪刀断尾少许，使血溢出，采得血液数滴，采血后用烧烙法止

血。也可眼眶静脉采血或摘除眼球。

4. 绵羊采血法

在微生物实验室中绵羊血最常用。采血时由一名助手半坐骑在羊背上，两手各持其1只耳（或角）或下颚。术者在其颈部上 1/3 处剪毛消毒，左手压在静脉沟下部使静脉怒张，右手持针头猛力刺入皮肤，此时血液流入注射器内，一切无菌操作，以获得无菌血液。

5. 鸡采血法

剪破鸡冠可采血数滴供作血片用。少量采血可从翅静脉采取，将翅静脉刺破以试管盛之，或用注射器采血。需大量血可由心脏采取：固定家禽使倒卧于桌上，左胸朝上，以胸骨脊前端至背部下凹处连线的中点垂直刺入，约 3~4cm 深即可采得心血，1 次可采 10~20mL 血液。

6. 鱼采血法（以草鱼为例）

草鱼采血一般从尾动脉采血，采血位置选在尾柄距体腔后部 5~6 个鳞片侧线下方的 1~5 个鳞片外，用针头挑开鳞片，以 45°略向侧线方向进针，在针尖抵达尾椎骨后，稍稍向下方移动，至针尖滑入两尾椎骨的脉弓间的间隙处的紧贴尾椎骨的尾动脉管内，保持进针角度，针尖不再深放，此时在注射器内的负压和尾动脉管内血液压力下，血液便进入注射器，如第一次采血不成功，可向前移一个鳞片继续采血，若不成功则在鱼的另一侧进行。

（四）实验动物尸体剖检法

实验动物经接种后死亡或予以扑杀后，应对其尸体进行解剖，以观察其病变情况，可取材保存或进一步做微生物学、病理学、寄生虫学、毒物学等检查。

（1）先用肉眼观察动物体表的情况。

（2）将动物尸体仰卧固定于解剖板上，充分露出胸腹部。

（3）用 3%来苏尔或其他消毒液浸擦尸体的颈、胸、腹部的皮毛。

（4）以无菌剪刀自其颈部至耻骨部切开皮肤，并将四肢腋窝处皮肤剪开，剥离胸腹部皮肤使其尽量翻向外侧，注意皮下组织有无出血、水肿等病变，观察腋下、腹股沟淋巴结有无病变。

（5）用毛细管或注射器穿过腹壁吸取腹腔渗出液供直接培养或涂片检查。

（6）另换一套灭菌剪刀剪开腹膜，观察肝、脾及肠系膜等有无变化，采取肝、脾、肾等实质脏器各一小块放在灭菌平皿内，以备培养及直接涂片检查。然后剪开胸腔，观察心脏、肺有无病变，可用无菌注射器或吸管吸取心脏血液进行直接培养或涂片。

（7）必要时破颅取脑组织做检查。

（8）如需要作组织切片检查，将各种组织小块置于 10%甲醛中固定。

（9）剖检完毕应妥善处理动物尸体，以免散播传染，最好火化或高压灭菌，或者深埋。若是小鼠尸体可浸泡于 3%来苏尔中杀菌，而后倒入深坑中，令其自然腐败。解剖器械也必须煮沸消毒，用具用 3%来苏尔浸泡消毒。

（10）鱼的剖检（以鲤鱼为例）。左手握鱼，右手持解剖剪，先在肛门前刀剪一小的横切口，然后将解剖剪钝头插入，沿腹中线方向向前剪开直至鳃下面，然后自臀鳍前缘向左侧背方体壁剪上去，沿脊柱下方向前剪至鳃盖后缘，将左侧体壁全部剪去，呈现内脏。

【实验报告】

根据实验操作步骤记录操作要点。

【思考题】

（1）抓取动物时，要使它不乱动，应注意些什么？

（2）如果给动物注射可溶性材料，应注意哪些环节？

（3）采取动物血液所用注射器和容器要特别注意什么？

模块二　验证性实验

【学习目标】

本模块要求学生通过学习，掌握验证性实验的基本特点与作用、熟悉验证性实验的组织与实施，熟练验证性实验的基本设计过程与方法，并能结合所学知识开展探索性科学问题。

【学习任务】

➢ 熟悉验证性实验的特点与作用。
➢ 掌握验证性实验的组织与实施。

每一门生物学相关的课程都配备一定数量的实验、实践教学内容，实验教学的目的是提高教学质量培养学生的基本动手能力和创新意识，通过验证性实验、综合性实验和设计性实验等多种实验手段把课堂学习和实验训练融为一体。在专业知识的学习过程中，开展实验教学，让学生在最初的专业认知阶段就对所学专业内容，通过理论与实践的结合，加深专业技能训练，并主动去探究是实验教学的基本内容，提高专业学习能力。验证性实验是指对研究对象有了一定了解，并形成了一定认识或提出了某种假说，为验证这种认识或假说是否正确而进行的一种实验。训练学生的实验技能、验证基本理论原理为主要目标，如注重培养学生的使用和装配仪器、实验操作、实验观察、实验记录、数据处理和计算等技能，因此在实际的教学中，多强调操作技能的程序化和规范化。学生们按照已经设计好的实验方案，去检验一个已知的结果是否正确。验证性实验一般伴随对概念、原理进行分析、讨论或者在学完某一知识点之后进行，但对引导学生巩固所学课程知识点和发展科学素养具有不可替代的作用。

【验证性实验的特点】

验证性实验，一般给出实验目的、试剂和有关用品，要求学生据此设计实验或补充不完整的实验，来验证某一事实或原理。其特点是先有结论，然后用实验来验证结论。因此，验证性实验重在考查对实验设计和操作步骤的分析和理解能力，以及对实验结果的预测和归纳总结能力。一直以来专业基础课程的教学实验基本以验证性实验为主。在动物科学类专业中，专业课验证性实验的主要特点是要求学生对动物形态、机能等的认知和掌握。通过实验，学生的学习内容从抽象空洞走向真实具体。这个过程可概括为离开课本认识动物机体的细胞、组织和器官的组成形态以及机能生理功能，通过动手剖析实物回味和验证原理，使课堂知识理论和实际结合起来。验证性实验根据理论对实验过程产生的现象进行具体分析，是一个对专业知识进行由表及里、由浅入深、由此及彼的认识理解和学习的过程。通过对实验方法和步骤的了解，可以培养学生正确的操作方式和思维的锻炼等方面的技能。同时，在实验过程中可以发现抽象概念和具体事物之间的共同点和差异性，对实验内容的自主探究发现和提出问题，并引发批判性思考，为综合设计性实验培植丰富的土壤，从而打下从简单动物机能实验向研究性、创新性实验发展的奠定基础。

【验证性实验项目的设计】

验证性实验是理解深化和掌握课堂知识的必要手段之一，与课堂讲授紧密配合，在夯实专业基础知识培养实验技能的过程中起着不可替代的作用。验证性实验作为综合性设计性实验的基础实验，在完成课程目标中的作用不可低估，且目前仍是实验教学的主体，建立一整套符合教学要求、贴近反映学科前沿、顾全学科知识的验证性实验教学体系，在验证性实验中植入创新理念为后续实验奠定基础，无疑非常有价值。因此重新审视实验方式和方法，剖析验证性实验存在的问题，在追求学习效果的同时，在验证性实验中注入创新理念，使验证性实验更加完善，让验证性实验成为培植创新思维的平台，甚至成为激发学生创新意识的一个切入点。

基础验证性实验的目的一是利用实验课与理论知识相联系，更好地让学生掌握、理解理论知识；二是通过实验掌握基本的操作技能和实验方法。在验证性实验教学过程中，作为基本的实践教学环节之一，部分传统的验证性实验重点在于验，没有具体的目标，缺少学生对实验过程和结果的独立思考和分析，教师做得多，准备得细，从实验准备，具体操作到写实验报告，学生只是机械地重复还有部分学生盲从等问题，这样的实验缺乏师生交流，很难培养学生的创新意识和创新能力，这些现象的存在，有其内在、外在因素，也是实验教学长期得不到真正重视的结果。因此有必要正视目前存在的问题，对验证性实验进行改革，对实验教学内容进行设计，在教学方法手段的应用进行取舍，对教学信息进行筛选。

在验证性实验的设计原则上，应当遵循以下基本原则。

（1）实验内容突出授课重点，有明确的教学定位着力点，是基础知识与基本技能相结合。

（2）将实验辅导转变为引导实验，把静态的实验内容变为动态内容。

（3）遵循教师是主导，学生为主体的原则，提倡师生互动给学生开辟宽松和轻松愉快的学习环境。

（4）注意实验手段和实验目的的匹配性和协调性。

例如，血糖的测定实验，实验的开设应在讲完糖代谢后进行，实验的开展过程就是要求学生熟悉血糖的基本概念，了解血糖水平是反映体内糖代谢情况的重要血液生化指标，血糖浓度测定是生化科研和临床检验中常做的分析项目等临床意义。要求学生掌握邻甲苯胺法测定血糖的原理和方法，以及离心机和分光光度计的使用方法。通过一系列基础实验的训练，学生在对动物生物化学的理解以及实验技能等方面有了很大进步。

【验证性实验的组织与实施】

1. 验证性实验的组织

验证性实验的组织过程往往以学生为实验主体，根据教师设定的教学内容开展实验内容。学生在实验前要熟悉实验方案，包括实验原理、实验方法和实验步骤。教师要发挥好实验教学的指导作用，实验过程中指导学生的基本操作的规范性，指出存在的问题，纠正学生实验过程的行为，并注重实验过程的安全教育。

2. 验证性实验的实施

实验实施阶段是实验的关键环节，在实验实施时，首先向学生进行实验安全教育，然后详细讲解实验所涉及的各种仪器的使用方法。在实验进行中，教师参与指导，对实验中出现的问题，教师应引导学生积极思考，回顾所教的理论知识，通过理论与实践的结合，培养学生处理问题和解决问题的能力。在教学过程中，既要体现教师的指导作用，又要真正体现以学生为中心的主体作用。实验结束后，学生对所得的实验结果和数据进行总结分析，得出实验结论。

3. 验证性实验的考核评价

基础验证性实验的目的就是利用实验课与理论知识相联系，让学生更好地掌握、理解理论知识；通过基础实验的开设让学生掌握常见仪器的识别、操作与维护，掌握基本的技能操作和实验方法。在基础性课程中，验证性实验的数量相对综合性、设计性实验较多，因此在实验课程考核成绩中占有一定的比例。考核的方式主要包括学生实验过程的表现（出勤率、态度等）、实验过程记录、设计性实验报告的撰写和个人实验总结等方面，教师根据学生提交的实验报告，结合项目实施过程中的表现，综合评定实验成绩。

项目一 动物解剖学实验

一、项目定位与性质

动物解剖学是职业教育贯通动物科学专业的核心基础课程，是一门必修专业主干课程，也是学习其他专业课程的必备基础课程，本项目化课程的基本内容包括牛或羊的活体解剖观察、猪的活体解剖学观察、家禽的活体解剖观察三个学习情境。实施本项目化课程教材的教学是为了满足社会对动物疾病防治和动物疾病护理人员的需要，培养学生的动物生产基本技能素质。通过本项目化课程的学习，学生能牢固掌握单胃动物、复胃动物和家禽的解剖学结构特征，并具有初步的基本的解剖技能，掌握处理解剖动物和标本制作的基本方法和操作技能，还能够对动物外科手术方面的基本技能有初步了解。

本项目化课程教学方式结合地方性和高职特点，在重视实用性的前提下，有选择地讲授兽医临床常见动物的解剖学结构。教学采用动物实体、多媒体课件、解剖学录像等辅助教学手段，充分利用视觉形象，调动学生的思维过程，提高学生的学习效果。

课堂讲授内容与学生自学相结合，适当增大讲授跨度，留有充分思考余地。针对不同专业特点，及时补充新内容、介绍新技术、动物生产技术新动态。各学习情境内容，要求学生认真阅读，在实训中要求学生充分预习、精心操作、术后仔细护理，认真观察判断、综合分析疾病处理结果，在教师课堂示范指导下，提高实际操作能力和综合报告表达能力。

二、项目目标

通过本课程的学习，学生能牢固掌握动物解剖学的基本知识，掌握不同动物解剖过程、解剖操作和解剖方法，尤其是解剖动物操作方面的基本技能；扎实掌握正常动物的解剖学结构，并培养综合分析的能力。

通过理实一体的教学，初步建立和强化未来临床课程汇总的操作理念，能熟练掌握皮肤、肌肉、筋膜及骨骼等组织的分离技术和多种操作手段，动物解剖学课程教学内容采用项目任务与实训相结合的方式进行教学，并通过实验动物模拟的动物模型进行课前解剖学培训，培养和训练学生对动物基本解剖学结构的了解，使学生熟练掌握动物的解剖学结构特征及组织分离原则；能够根据局部解剖学结构的特征综合分析后选择恰当的解剖操作；能熟练掌握处理动物解剖过程的步骤、方法，为今后从事临床兽医和动物生产工作服务。

（一）知识目标

（1）了解家畜及家禽的解剖学结构和解剖学操作相关基本知识。

（2）掌握各类常见动物解剖操作原则和方法。

（3）了解动物体的基本结构，动物体的基本组成、各组织、器官、系统及系统间的结构和相互关系，解剖学操作的基本操作技能（如器械使用、切开、止血、结扎、缝合），强化基础知识，为动物解剖实践打下良好的基础。

（4）掌握动物保定、切开、止血、结扎等与外科相关的手术基本操作技能，熟悉不同动物常见解剖方法和处置方法，了解动物解剖新技术。

（5）掌握各类动物正常大体解剖学操作方法。

（二）能力目标

（1）能根据动物种类正确诊断各类动物所需的生理解剖流程和解剖方法。

（2）能熟练掌握动物保定、解剖需要的材料准备、组织实施大体解剖过程。

（3）能够对动物腔内各脏器的形态、结构、位置关系做出正确判断，并能做好解剖前的准备工作。

（4）能够熟练进行动物皮肤切开、止血、结扎、软组织分离技术和骨科分离技术等解剖学基本操作方法。

（5）能够独立进行常见家畜和家禽的常规解剖操作。

（三）素质目标

（1）良好的团队协作和医患沟通能力，具有自强、自立、竞争、合作、吃苦耐劳和爱岗敬业的精神。

（2）病例记录和归纳、总结能力，热爱动物医学事业，具有高尚的职业道德和良好的法制观念。

（3）吃苦耐劳精神及服从安排的素养，具有适应社会各种环境、职业以及抵抗风险和挫折的良好心理素质。

（4）培养学生热爱科学、实事求是、精益求精的学风，具备学习能力和创业创新意识。

三、项目内容

（一）设计思路

本课程紧紧围绕现代技能人才的职业素养和岗位职业技术素质为质量目标，紧紧围绕行业必备的专业技能，以满足中职学生的特点和生产实际应用为宗旨，结合学生将来从事临床兽医师助理工作来设计教学。

（1）以人才市场对人才的需求为导向，侧重实践技能培养。

（2）以生产岗位群所必需的技能为主线设计教学内容，特别是涉及动物屠宰测定、检疫、公共卫生安全、患病动物尸体解剖基础等内容也有相关知识点。

（3）引入与临床相关的前沿解剖学技术，充分利用现代信息技术手段，拓展学生的专业视野。

（4）强化课外实践教学环节，以项目任务教学模式，培养学生发现问题、解决问题的能力。

通过理实一体的教学，建立和强化未来动物屠宰测定、执业兽医临床诊断过程中体内脏器定位能力，并为外科技术所涉及的局部解剖学教学进行引路，动物解剖学课程内容教学采用工作任务与教学实习相结合的方式进行教学，并通过实验动物模拟动物解剖进行实训，培养和训练学生解剖学操作技能和技巧，其设计方案符合目前国际流行的3R原则。对高素质专业人才培养有促进意义。

（二）教学内容

通过本课程的学习，要求学生能够牢固掌握动物体结构形态特征、脏器之间位置关系及脏器之间的协作等基本知识以外还应该具有解剖常见家养动物的操作能力，以及对动物的保定及基本的防护方法；通过知识的拓展及课外本领域前沿的技术的探索使学生具备查阅课程技术资料的综合分析能力，满足动物生产、疾病防治、诊疗和护理等方面的高技能人才队伍建设的需要。

（1）选择教学内容的原则是以常见的动物屠宰测定、动物检疫、公共卫生安全和动物生产饲养等职业岗位要求为主线组织来教学内容。根据动物科学专业学生的就业去向，教学内容选择以家养经济动物牛、羊、猪处理为主，适当增加一些其他类型动物如家禽、犬、猫等的解剖学知识内容。

（2）教学组织以工作任务为主导，特别是实训教学的组织是让学生在模拟的临床兽医真实工作环境中进行实践操作。

（3）根据动物生产、临床兽医及检验检疫工作人员和养殖场工作人员等岗位的工作需要，本课程的理论教学内容主要讲授动物的解剖学结构特征及解剖操作步骤，实践教学内容以常见动物为操作对象，在实验室模拟解剖操作为基础，扎实掌握动物体解剖结构特征为基础，操作过程分层次分步骤进行，确保学生将理论应用于实践，并能够严格控制实验过程，确保学生操作安全。

任务具体教学内容见表 2-1。

表 2-1　动物解剖学实验任务分解

任务名称	目的要求	学习性工作任务及内容（包括理论及实践内容）
任务一 牛或羊的活体解剖观察	1. 了解牛（或羊）的屠宰及解剖方法和程序 2. 掌握内脏器官及心脏的形态、大小、位置、色泽、质地、结构等 3. 掌握肌肉的分布与位置关系，主要肌沟的构成	1. 掌握牛或羊解剖的解剖学结构特点并做好准备工作 2. 掌握解剖保定的方法并能够熟练地对动物活体进行解剖保定 3. 掌握与屠宰动物不同的放血操作和皮肤分离技术 4. 本次实验本身就是一次不平凡的经历：从这次实验开始，直接接触活体的动物，克服恐惧心理、胆大心细、充分准备、认真总结
任务二 猪的活体解剖观察	1. 了解猪的屠宰及解剖方法和程序 2. 与牛（或羊）的解剖进行比较，熟悉猪内脏器官的主要特征 3. 通过使用多媒体投影教学系统，充分演示实验操作过程，应用现代新仪器设备培养学生的动手操作能力	1. 通过猪的活体解剖观察，重点观看体表主要淋巴结的位置和形态观察 2. 猪的放血部位和放血方法，内脏（消化、呼吸、泌尿和生殖）的形态结构变化特点 3. 比较观察杂食动物与草食运动之间内脏器官的变化特点

（续表）

任务名称	目的要求	学习性工作任务及内容 （包括理论及实践内容）
任务三 家禽的活体 解剖观察	1. 掌握家禽内脏器官的 主要特征 2. 了解家禽一般解剖特点	1. 掌握家禽适于飞翔、前肢转化为翼等运动系统结构特征变化
		2. 家禽结肠消失、没有膀胱和尿道、双重呼吸等特点与哺乳动物之间的差异是教学重点
		3. 结合临床、结合实际应用来认识家禽解剖学结构，如对禽类喙结构差异的分析，来理解日粮设计
		4. 鸡（或鸭）的保定、放血部位及方法、解剖操作方法和技巧、各内脏器官的观察等

四、考核评价方式

以工作过程为导向的教学理念，强调学生的综合能力和实践能力。据此，建立了新型的课程考核方式和考核评价标准。考核中注重专业知识在实际工作中的应用和对综合能力的考核，注重全面准确地评估学生的学习过程和对动物疾病处理的实际工作能力。

1. 实践考核

按实际工作规范要求，对每位学生进行各种缝合方法、手术通路建立等操作考核。

2. 综合能力考核

利用多媒体课件给出考核病例的症状、辅助检查结果等图像资料，要求学生对病例写出诊断分析、治疗方案、手术方法、护理要点等方面的动物疾病处理综合报告。

任务一　牛或羊的活体解剖观察

【任务目标】

（1）了解牛（或羊）的屠宰及解剖方法和程序。

（2）掌握内脏器官及心脏的形态、大小、位置、色泽、质地、结构等。

（3）掌握肌肉的分布与位置关系，主要肌沟的构成。

【任务描述】

1. 工作任务

（1）动物活体解剖保定操作。

（2）顺利进行放血操作、剥皮技术和解剖操作。

2. 主要工作内容

（1）掌握解剖前需准备的材料。

（2）掌握解剖时由外到内的观察顺序。

（3）掌握牛和羊活体解剖保定的不同方法。

（4）掌握家畜活体解剖肌肉分离原则。

（5）掌握家畜活体解剖过程中颈静脉插管原则。

（6）掌握家畜活体解剖过程中迷走交感神经结扎原则。

【任务要求】

1. 知识技能要求

（1）掌握牛或羊活体解剖的顺序及注意事项。

（2）学会对牛或羊进行颈静脉插管放血操作。

（3）学会对牛或羊进行肌肉的分离操作。

（4）掌握牛或羊内脏的解剖学结构特征。

（5）掌握牛或羊胸腔内脏器的解剖学结构特征。

2. 实习安全要求

在进行解剖实际操作时，要严格按照规定进行操作，注意安全，防止误操作引起人员外伤。

3. 职业行为要求

（1）实验材料要准备充足。

（2）实习服装要着装整齐。

（3）遵守课堂纪律。

（4）具有团结合作精神。

【训练材料】

1. 器材

剥皮刀、解剖刀、检查刀、软骨刀、脑刀、外科刀、肠剪、骨剪、尖头剪、圆头剪、弓锯、双刃锯、骨锯、电动多用锯、斧子、尺子、探针、镊子、酒精灯、试管、注射器、针头、青霉素瓶、广口瓶、高压灭菌器、载玻片、灭菌纱布、脱脂棉。

2. 药品

3%来苏尔、0.1%新洁尔灭、5%碘酊、70%酒精。

3. 实验动物

牛或羊。

4. 其他

工作服、工作帽、口罩、眼镜、胶皮手套、围裙、胶靴、毛巾、肥皂、脸盆、火柴。

【操作训练】

牛或羊活体解剖操作要求如下。

工作程序	操作要求
解剖前准备	穿好工作服、胶靴、戴工作帽、护目镜、围裙、胶皮手套。
保定	无论是哪种牛，牵来后都应事先检查鼻栓、鼻绳是否牢固，观察牛的脾气、亲昵性，先和它搞好关系，建立友谊，慢慢地接近它，实验时由于人多嘴杂，不要盲目、粗俗、大声喧哗等。选择室内屠宰，由一人牵稳鼻绳，防止牛乱蹦乱跳；选择室外操作时，可将牛鼻绳拴在较粗的木桩上或树干上或特制的铁栏上，然后进行倒牛。注意对那些体型比较大和性情较粗野的牛宜采用必要的安全措施。
倒牛	倒牛一般采用缠缚式倒牛法将牛放倒，方法简单，安全可靠。放血时一般采用右侧卧、左侧颈总动脉放血法，所以倒牛时，一般将牛倒向右边。倒牛时用一条长约10m的绳子，绳子的一端用活结拴在牛右侧前肢系部；将绳拉向左侧胸壁肘的后方，留一个圈；另一端从背侧绕过，绳自圈内通过，按此方法再在腰、腹部缠3次，使绳端在牛体右方，2~4人在向右侧牵拉绳端的同时，一人在右侧提举缚绳的右前肢，如牛体型大、性情暴躁、进行反抗，可同时由一人在牛的前方拿住牛头向左侧按压，牛即倒向右侧。（若使牛倒向左侧，方法与上述相反）。牛倒地后，一人按住头部，一人坐在臀部提举尾巴，与此同时，迅即用麻绳将四肢拉拢捆紧。为安全起见，对体型大的牛应在颈部、捆紧的四肢部压上竹杠或木杠。保定好后，便进行左侧颈部切开、颈总动脉放血操作。
放血	（1）在左侧颈侧部下方靠近胸前口处，用手按住胸前口，可发现颈腹侧部颈外静脉因回流受阻而鼓起，该处即为颈静脉沟，在颈静脉沟中部剪去被毛，暴露出长10~15cm、宽5~8cm的区域（图2-1、图2-2）。 1—臂头肌；2—斜方肌；3—肩胛横突肌；4—冈上肌；5—冈下肌；6—三角肌；7—胸头肌；8—颈静脉。 图2-1　山羊颈部腹侧　　图2-2　山羊颈静脉

69

工作程序	操作要求
放血	（2）手术者执手术刀由前向后切开一长约 15cm 长的切口（图 2-3、图 2-4）。 1—头半棘肌；2—头最长肌； 3—夹肌；4—颈侧颈锯肌；5—胸廓腹侧锯肌；6—胸锁乳突肌。 **图 2-3　绵羊颈侧深层肌** **图 2-4　山羊颈静脉** （3）皮肤切开后，进行钝性分离，用止血钳或手指分离皮下结缔组织，看到颈部静脉后，从其背缘用手指深入探触颈总动脉，位置较深，摸到颈总动脉后，手感有搏动感，即为颈总动脉，将其钩出体外。可看到颈总动脉的搏动，且其背侧缘有一条白色的结构与之伴行，为颈部的交感迷走神经干，由结缔组织构成的总鞘膜将其与颈总动脉紧紧包在一起。在进行放血操作前，必须先将颈部交感迷走神经干与颈总动脉剥离（如果结扎或切断交感迷走神经干则有可能导致放血动物的心跳和呼吸中止）（图 2-5）。 第2颈椎横断面　第4颈椎横断面　第7颈椎横断面 **图 2-5　颈椎横断面** （4）用棉线结扎颈总动脉的离心端，并留出一段线头供固定血管用。然后用止血钳夹住动脉的向心端，中间留出一段距离，这样阻止了一侧动脉血液向头部的流动（图 2-6、图 2-7）。

工作程序	操作要求
放血	 图 2-6　切开颈部皮肤，暴露颈静脉　　图 2-7　镊子固定颈总动脉 （5）用手术刀或眼科剪在颈总动脉固定处的中部切（或剪）破管壁，注意切破或剪破血管时要斜剪，与颈总动脉呈45°，切忌不能垂直剪破血管。切口要切透血管壁直达血管内腔，但不能剪断血管。将导血管（为事先导有橡皮管的玻璃管）向后插入动脉管腔内，将插入的玻璃管连同动脉一起用留着的线头结扎在一起。 （6）松开止血钳，由于颈总动脉靠近头部的一端已结扎，血液便沿着玻璃—橡皮管喷射而出，流进容器内。放血的速度与血液的黏滞性有很大的关系，血液的黏滞性大，则放血速度较慢，所以一般在杀牛前几小时内应适当给予饮水。牛的血液约占体重的7%左右，在放血操作和放血过程中，牛因剧烈疼痛和缺氧，会做多次垂死挣扎，每次挣扎都一定要注意安全，切忌粗枝大叶。待到牛出现角弓反张、瞳孔反射消失、瞳孔散大后，即放血完全，这时牛不再挣扎，就可进行后续的剥皮操作。
剥皮	剥皮过程中先将牛仰卧，按前述作切口的方法切开皮肤。具体操作程序如下。 第一步，从下唇正中处起，由下颌间隙向后，经颈部、胸部、腹部的腹侧沿正中线纵向切开皮肤。如是公畜，切口至包皮前方应分成左右两条切口绕过包皮，沿阴茎体两侧向后直至肛门下方；如是母畜，切口至乳房前方应分成左右两条切口，呈弧形环绕其基部两侧向后，切口再合成一条，直至阴门下方，然后在肛门（或阴门）及尾根处做环形切口。 第二步，在四肢系部作环状切口，沿四肢内侧划开皮肤直至与正中切口线相交。 第三步，头部在口角后、眼眶缘、角根部及耳根部分别作环形切口。

工作程序	操作要求
剥皮	各部位的切口做好后，3~5 人同时用剥皮刀剥皮，剥离上述切口部位的皮下组织，按常规解剖剥皮操作方法进行。整张皮剥下后应展平摊在地上。 　　在剥皮过程中，注意不要损伤皮肤，也尽可能不要使脂肪、肌肉附着在皮肤上，更不要将皮下某些部位的浅层神经（如前臂背侧的桡神经、后肢内侧的隐神经及小腿背侧以下的浅神经）及血管剥去，以便观察这些部位的结构。剥皮时，还需要留心剥离和观察肘突、腕背侧、髋结节、膝盖骨、跟结节等处的皮下黏液囊。
头部（示教内容）及躯干肌肉的观察	剥皮后，按头部、颈部、肩带部、脊柱、胸壁、腹壁的顺序由表层到深层观察家畜的全身肌肉，观察其位置、形状、纤维方向、结构、作用和相互关系等。
胸腔打开及脏器的解剖观察	从倒数第二肋切开肋间隙后，自第 11~第 12 肋胸椎端髂肋肌的腹侧缘开始向前依次锯断（羊的解剖时可用骨剪剪断肋骨）各肋骨，再沿第 11~第 12 肋软骨向前把肋骨一一锯断，向下掀开胸侧壁，便可观察胸腔内器官——膈、肺、心脏、食管、气管、支气管、进出心脏的大血管及神经干等。需比较观察其正常的色泽、质地和各器官的位置关系等。
腹腔打开及脏器的解剖观察	首先，自剑状软骨处先切开一个小口，切破腹壁，把左手的食指和中指插入切口，作"V"形叉开，在二指的引导、协助下，沿腹底壁中线作直线切开，直至耻骨前缘。其次，锯断最后肋并在其后缘横向切开腹壁肌肉，直至腹底壁。然后沿腰椎横突切开腹壁肌，并至髋结节处转而向下沿腹胁部切开，直至腹底壁。掀开腹壁肌，腹壁器官显现出来（图 2-8）。 **图 2-8　牛的瘤胃**

工作程序	操作要求
腹腔打开及脏器的解剖观察	如牛是右侧卧左侧朝上，先看到大网膜，切开大网膜即看到瘤胃，若牛是左侧卧右侧朝上，则看到皱胃、小肠、大肠（直肠除外）和肾等。 掀开膈肌，方可见到网胃、瓣胃、肝和胰，注意观察器官的自然位置与色泽。此后，在直肠前方作双重结扎并切断，并在贲门处将胃、肝与膈相连的组织分离，切断总肠系膜，将胃、肠、肝、胰、脾一起自腹腔内取出，先观察肝、胰的结构，继而由贲门起始，按消化器官顺序逐个观察，至直肠前段。
注意事项	一般情况下按照以上程序进行解剖，实际解剖时应根据临床资料灵活改变程序。解剖过程中要做记录，将各脏器的状况进行详细记录，也可拍照进行记录。解剖过程中要注意个人的防护，解剖人员必须戴手套，防止手被划伤感染。活体解剖应在规定的解剖室进行，解剖后要进行尸体无害化处理。

【考核评价】

评价类别	项目	子项目	个人评价	组内互评	教师评价
专业能力（60%）	资讯（5%）	收集信息（3%）			
		引导问题回答（2%）			
	计划（5%）	计划可执行度（3%）			
		设备材料工具、量具安排（2%）			
	实施（25%）	工作步骤执行（5%）			
		功能实现（5%）			
		质量管理（5%）			
		安全保护（5%）			
		环境保护（5%）			
	检查（5%）	全面性、准确性（3%）			
		异常情况排除（2%）			

评价类别	项目	子项目	个人评价	组内互评	教师评价
专业能力（60%）	过程（5%）	使用工具、量具规范性（3%）			
		操作过程规范性（2%）			
	结果（10%）	结果质量（10%）			
	实验报告（5%）	完成质量（5%）			
社会能力（20%）	团结协作（10%）	学习纪律性（5%）			
		爱岗敬业、吃苦耐劳精神（5%）			
	敬业精神（10%）	小组成员合作良好（5%）			
		对小组的贡献（5%）			
方法能力（20%）	计划能力（10%）	考虑全面（5%）			
		细致有序（5%）			
	实施能力（10%）	方法正确（5%）			
		选择合理（5%）			
评价评语	评语： 　　　　组长签字：　　　　　　教师签字： 　　　　　　　　　　　　　　　年　　月　　日				

【思考题】

（1）简述膈肌的形态、裂孔及通过结构和作用。

（2）简述腹前外侧群肌的名称及作用。

（3）腹外斜肌的位置、肌纤维方向、形成的结构和作用如何？

（4）简述腹股沟管的位置及构成。

（5）试述肝的位置及其分叶。

（6）简述牛羊胃形态、位置及结构特征。

（7）雄性生殖器都包括哪些器官？

（8）简述睾丸的形态、结构。

（9）试述精子的产生及排出体外的途径。

任务二　猪的活体解剖观察

【任务目标】

（1）了解猪的屠宰及解剖方法和程序。

（2）与牛（或羊）的解剖进行比较，熟悉猪内脏器官的主要特征。

【任务描述】

1. 工作任务

（1）动物活体解剖保定操作。

（2）顺利进行放血操作、剥皮技术和解剖操作。

2. 主要工作内容

（1）掌握解剖前需准备的材料。

（2）掌握解剖时由外到内的观察顺序。

（3）掌握猪活体解剖保定的不同方法。

（4）掌握猪活体解剖肌肉分离原则。

（5）掌握猪的解剖学结构特点。

【任务要求】

1. 知识技能要求

（1）掌握猪活体解剖的顺序及注意事项。

（2）学会对猪进行颈静脉插管放血操作。

（3）学会对猪进行肌肉的分离操作。

（4）掌握猪内脏的解剖学结构特征。

（5）掌握猪胸腔内脏器官的解剖学结构特征。

2. 实习安全要求

在进行解剖实际操作时，要严格按照规定进行操作，注意安全，防止误操作引起人员外伤。

3. 职业行为要求

（1）实验材料要准备充足。

（2）实习服装要着装整齐。

（3）遵守课堂纪律。

（4）具有团结合作精神。

【训练材料】

1. 器材

剥皮刀、解剖刀、检查刀、软骨刀、脑刀、外科刀、肠剪、骨剪、尖头剪、圆头剪、弓锯、双刃锯、骨锯、电动多用锯、斧子、尺子、探针、镊子、酒精灯、试管、注射器、针头、青霉素瓶、广口瓶、高压灭菌器、载玻片、灭菌纱布、脱脂棉。

2. 药品

3%来苏尔、0.1%新洁尔灭、5%碘酊、70%酒精。

3. 动物

猪。

4. 其他

工作服、工作帽、口罩、护目镜、胶皮手套、围裙、胶靴、毛巾、肥皂、脸盆、火柴。

【操作训练】

猪的活体解剖操作要求如下。

工作程序	操作要求
解剖前准备	穿好工作服、胶靴、戴工作帽、护目镜、围裙、胶皮手套。
杀猪及剥皮或褪毛	将猪放倒（或电麻）保定好后进行放血，用长 12~15cm 的尖刀从颈部腹侧与胸前口交界处刺入，再向左、右两侧运刀将左、右颈总动脉和静脉血管割断放血，注意刀不宜插得太深，以免刺透胸腔导致血液被吸入胸腔或刺破心脏、肺等器官致使放血不全或呛血现象（血液被吸入肺），放血程度的好坏直接影响肉的品质，放血不完全不利于常规的解剖观察，也不利于贮藏（图 2-9）。 猪左后肢（外侧） 1—背最长肌；2—腹内斜肌；3—阔筋膜张肌；4—胫骨前肌；5—腓骨长肌；6—第5趾伸肌；7—第3趾骨肌；8—伸肌近侧支持带；9—伸肌远侧支持带；10—趾短伸肌；11—趾长伸肌；12—第4趾伸肌腱；13—骨间肌背侧腱；14—趾深屈肌腱；15—第5趾收肌；16—第5趾展肌；17—第5趾伸肌腱；18—趾浅屈肌腱；19—拇长屈肌；20—胫骨后肌；21—比目鱼肌；22—臀股二头肌；23—半膜肌；24—半腱肌；25—尾骨肌；26—臀中肌；27—臀浅肌。 猪右后肢（内侧） 1—腰小肌；2—髂腰肌；3—耻骨肌；4—阔筋膜张肌；5—缝匠肌；6—股内侧肌；7—膈肌；8—胫骨前肌；9—第3腓肌；10—趾长屈肌；11—趾长伸肌腱；12—伸肌远侧支持带；13—趾短伸肌；14—拇长伸肌腱；15—骨间肌背侧腱；16—趾深屈肌腱；17—第2趾展肌；18—趾浅屈肌腱；19—屈肌支持带；20—胫骨后肌；21—拇肠肌内侧头；22—拇长屈肌；23—趾浅屈肌腱；24—拇肠肌内侧头；25—臀股二头肌；26—半膜肌；27—股薄肌；28—半膜肌；29—尾骨肌；30—荐尾腹内侧肌；31—闭孔内肌。 **图 2-9 猪后肢肌** （资料来源：林辉，1992）

工作程序	操作要求
杀猪及剥皮或褪毛	放血完全后即可剥皮或褪毛，剥皮时作切口和剥皮的方法与牛相似，只是猪的皮下脂肪特别发达，剥皮时应尽量将皮下脂肪留在肉尸上，如果需褪毛，则需准备好水，关键是控制好水温和烫毛的时间。这样处理完后则可进行下列的解剖观察（图2-10）。 1—臂头肌；2—斜方肌；3—皮下组织；4—背阔肌；5—后背侧锯肌；6—腰髂肋肌；7—阔筋膜张肌；8—臀中肌；9—臀股二头肌；10—半膜肌；11—半腱肌；12—腓股长肌；13—趾浅屈肌；14—趾浅屈肌腱；15—腹内斜肌；16—腹横肌；17—腹外斜肌；18—胸腹侧锯肌；19—胸浅肌；20—腕桡侧伸肌；21—臂三头肌；22—胸骨舌骨肌；23—胸头肌；24—咬肌。 **图2-10　猪体浅层肌** （资料来源：林辉，1992）
体表主要淋巴结和浅层肌肉的解剖观察	首先进行体表主要淋巴结的解剖观察，主要观察下颌淋巴结、颈浅背淋巴结、髂下淋巴结、腹股沟浅淋巴结和腘淋巴结等，然后再观察体表浅层肌肉。 　　猪的下颌淋巴结位于下颌角后下缘的内方、下颌腺前部的外侧、颌外静脉的内侧，每侧有1~2个，一大一小，猪还有下颌副淋巴结，位于下颌腺后方，腮腺后下角内侧，有2~4个。 　　颈浅背淋巴结相当于牛颈浅淋巴结（或肩前淋巴结），位于肩关节的前上方、冈上肌前缘中点，被斜方肌和肩胛横突肌所覆盖，牛的肩前淋巴结则被臂头肌和肩胛横突肌所覆盖。 　　腹股沟浅淋巴结位于腹下壁皮下，大腿内侧，母畜称为乳房上淋巴结，猪位于倒数第2乳头外侧基部，而牛的则位于乳房基部后上方皮下，公畜则称为阴囊淋巴结，在公猪该淋巴结位于阴囊的前下方、阴茎两侧，是由数个淋巴结组成的淋巴结链，在牛则位于精索的后方、阴茎的背侧。 　　髂下淋巴结又称股前淋巴结或膝上淋巴结，位于膝关节的前上方、股阔筋膜张肌前缘的中部的皮下脂肪中，该淋巴结不被肌肉所覆盖，呈扁椭圆形。 　　腘淋巴结位于膝关节水平线上，腓肠肌的后缘，在半腱肌和臀股二头肌之间的后部，一般有一大一小，有时缺失。

工作程序	操作要求
体表主要淋巴结和浅层肌肉的解剖观察	猪的肩带部肌仍包括背侧组 5 块肌肉、腹侧组 3 块肌肉，即斜方肌、菱形肌、肩胛横突肌、臂头肌、背阔肌和胸浅肌、胸深肌及腹侧锯肌，腹侧锯肌是肩带部最发达的肌肉；这些肌肉将前肢和躯干连在一起。 　　脊柱的伸肌主要为背腰最长肌，是全身最大的肌肉，含腱质较牛的多。 　　胸壁肌包括肋间外肌、肋间内肌和膈肌，与呼吸运动有关。 　　腹壁肌也由腹外斜肌、腹内斜肌、腹直肌和腹横肌交错排列而成，腹侧壁三层肌肉，从外至内分别为腹外斜肌、腹内斜肌和腹横肌，在腹侧壁中部以下转化为由致密结缔组织构成的腱膜，腹底壁由四层肌肉构成，分别为腹外斜肌、腹内斜肌、腹直肌和腹横肌，还可观察到腹直肌的腱划结构。 　　前肢肩关节伸肌为冈上肌，肘关节伸肌主要为臂三头肌、屈肌为臂二头肌；后肢髋关节伸肌较多，包括臀中肌、臀深肌、臀股二头肌、半腱肌和半膜肌，膝关节伸肌为股四头肌等。
胸腔、腹腔及盆腔器官的比较观察	胸、腹腔剖开法基本同牛的操作程序，主要观察胸、腹腔内器官位置、色泽、质地、大体构造和相互关系等。打开胸腔主要观察呼吸系各器官、心脏和心包以及进出心脏的大血管、胸膜、胸膜腔和胸腔纵隔、膈肌等。打开腹腔主要比较观察消化、泌尿和生殖系的特征等。打开胸、腹腔后还可以观察内脏淋巴结如肺门淋巴结、胸腔纵隔淋巴结、肝门淋巴结、肠系膜淋巴结和脾等，以及一些内分泌器官如甲状腺、胸腺、肾上腺等。
呼吸系统的解剖观察	猪的呼吸系特点：鼻端与上唇结合在一起构成特殊的吻突或称鼻盘，吻突以吻骨为骨质基础，是猪掘地觅食器官。 　　鼻腔较长而狭，左、右鼻腔在后部下方彼此相通，上鼻甲狭长，中部卷曲成鼻甲窦，下鼻甲较宽，形成背侧和腹侧两个卷曲，与中鼻道和下鼻道相通，下鼻甲后部形成下鼻甲窦。 　　咽见消化系统。 　　喉较长，由四种共五块软骨构成，即会厌软骨、甲状软骨、环状软骨和成对的勺状软骨。气管呈圆筒形，气管软骨环有 32～36 个，在胸腔内于第 4～5 肋骨处气管分为两主支气管，分叉前还直接分出一右肺尖叶支气管。 　　肺呈粉红色，肺小叶明显，左肺三叶、右肺四叶。猪肺的后缘相当于从倒数第 4 肋骨上部向前、向下到第 5 肋间隙下部的弓形线。
消化系统的解剖观察	猪的消化系特点：口腔上唇厚，与鼻端一起构成吻突，下唇小而尖，唇活动性小，舌长而窄，舌尖薄而尖，舌下有两条舌系带，舌黏膜上分布有丝状乳头、锥状乳头、菌状乳头和叶状乳头，在口腔底的切齿部无舌下肉阜。

工作程序	操作要求
消化系统的 解剖观察	齿除犬齿是长冠齿外，其余均为短冠齿，齿冠、齿颈和齿根区分明显，上、下切齿各有3对，即门齿、中间齿和边齿，公猪恒犬齿发达，突出于口裂之外，母猪犬齿不发达。臼齿由前向后逐渐增大，为适应咀嚼，齿冠较短而宽，嚼面上有结节状突起，呈杂食动物的特征。唾液腺腮腺发达，呈三角形，位于下颌支后方，下颌腺较小，呈扁球形，位于下颌支内侧和后方，后部被腮腺覆盖，舌下腺位于舌体和下颌骨之间的黏膜下，分前、后两部。 　　食管较短而直，其颈段沿气管的背侧向后，食管起始部背侧有一短的盲囊，称咽后隐窝，插胃导管时注意不要插入此囊中，食管腺发达，但向后逐渐减少，食管黏膜为复层扁平上皮，富含淋巴组织，肌层主要为横纹肌，但在近贲门部转为平滑肌。 　　胃为单室胃，横位于季肋部和剑状软骨部，凸缘称胃大弯，饱食时，胃大弯与腹前部底壁接触，可在该部位进行胃的穿刺，贲门与幽门之间的背缘叫胃小弯，近贲门处有一突起的盲端称胃憩室，自胃大弯切开胃壁，冲洗胃内容的后观察胃黏膜，可见其分为无腺部和有腺部，无腺部小，在贲门周围，黏膜呈白色，衬以复层扁平上皮，有腺部面积大，黏膜上皮柔软，又分为3个腺区，即贲门腺区、胃底腺区和幽门腺区，贲门腺区最大，呈淡黄色，由胃的左端达胃的中部，胃底腺区呈棕红色，位于贲门腺区的右侧，沿胃大弯分布，不到达胃小弯，幽门腺区最小，位于幽门部，呈灰色，黏膜形成不规则的皱褶（图2-11）。 1—贲门腺区；2—胃憩室；3—食管区；4—贲门； 5—幽门圆枕；6—十二指肠乳头；7—幽门唇； 8—幽门；9—幽门腺区；10—胃底腺区。 **图2-11　猪胃** （资料来源：林辉，1992）

工作程序	操作要求
消化系统的解剖观察	连接胃大弯与结肠和脾、胰的大网膜很发达，大网膜浅、深两层间形成网膜囊，位于胃与升结肠以及空肠祥之间，营养良好的猪含丰富的脂肪，呈网格状，小网膜不发达，位于胃小弯与肝门之间（图 2-12）。 **图 2-12　猪的肠道** 　　猪的小肠全长 15~20m，是消化和吸收的主要部位，区分为十二指肠、空肠和回肠，十二指肠位于右季肋部和腰部，系膜短，位置较固定。十二指肠可分为三部：由幽门起始部至肝门为前部，然后在右肾和结肠之间向后伸延至右肾后端腹侧为降部，再越过中线折转向左向前移行为升部，最后到右季肋部与空肠相连续，胆管和胰管分别开口于十二指肠。空肠最长，形成许多肠祥，以较长的空肠系膜相连。空肠大部分位于腹腔的右半部，在结肠圆锥的右侧。回肠短而直，开口于盲肠与结肠交界处，末端突入盲肠腔内，形成回盲瓣（回盲乳头），空肠和回肠黏膜内富有淋巴组织，淋巴集结多而长，淋巴孤结小，不明显。 　　大肠全长 4~4.5m，直径比小肠粗，盲肠短而粗，呈圆筒状，位于左髂部，自左肾后端起向后下并向内侧伸延到结肠圆锥之后，盲端指向腹底壁，介入盆腔入口与脐部之间，肠壁形成三条肠带和三列肠袋，结肠分升结肠、横结肠和降结肠，升结肠最长，在结肠系膜中盘曲，形成结肠圆锥，结肠圆锥由向心回和离心回组成，向心回位于结肠圆锥的外周，管径较粗，有两条肠带和两列肠袋，离心回位于圆锥的内心，肠管较细，无肠带和肠袋。

工作程序	操作要求
消化系统的解剖观察	猪肝脏较牛和马发达，边缘薄，中央厚，分叶明显，可分为左外叶、左内叶、中叶、右内叶和右外叶，中叶又被肝门分为背侧的尾叶和腹侧的方叶，胆囊位于右内叶的胆囊窝中，肝管在肝门处与胆囊管汇合成胆总管开口于距幽门 2~5cm 十二指肠憩室，猪肝小叶间结缔组织发达，故肝小叶很清楚，肝不易破裂。
泌尿系统的解剖观察	猪的泌尿系统特点：主要是肾脏的特点，猪肾呈上下扁平的长椭圆形，位置几乎对称，位于前 4 个腰椎横突的腹侧，猪肾表面平滑，健康猪肾被膜易剥离，肾的纵向切面上可见髓质形成明显的肾锥体和许多肾乳头，属表面光滑的多乳头肾。输尿管在肾窦内扩大成肾盂，并向前后分出两支肾大盏，由肾大盏再分出 8~12 个肾小盏，猪肾皮质较厚，髓质只有皮质的 1/3~1/2（图 2-13）。 图 2-13　猪的肾脏
生殖系统的解剖观察	公猪的睾丸较大、呈椭圆形，在成年猪长约 13cm，位于靠近肛门下方的阴囊内，睾丸纵轴斜向，附睾在前上，睾丸在后下，附睾也很发达。 　　猪阴囊较大，位于肛门下方，与周围的界限不明显，肉膜发达。 　　猪的副性腺发达，所以猪的精液较多，精囊腺特别发达，呈淡红色，分叶明显，前列腺分体部和扩散部，扩散部发达，尿道球腺很大，呈圆柱形。

工作程序	操作要求
生殖系统的解剖观察	猪阴茎与反刍动物相似，阴茎根由 1 对阴茎脚和明显的阴茎球构成，阴茎体在阴囊的前方形成"乙"状弯曲（马的阴茎体粗大，不形成弯曲），阴茎头呈螺旋状扭曲，在勃起时特别明显，包皮形成较大的包皮腔，在前部背侧有一包皮盲囊，称包皮憩室，囊内常聚积有腐败的余尿和脱落的上皮，有特殊的臭味。当发生猪瘟时，可从中挤出特别恶臭而混浊的尿液。 　　母猪卵巢的形态和位置随年龄和性周期的不同而有差异，4 月龄以前的小母猪，卵巢呈椭圆形，表面平滑，呈粉红色，位于荐骨岬两侧的后方，位置较固定；5~6 月龄的小母猪，卵巢表面有突出的小卵泡，体积增大，呈桑葚形，位于髋结节前缘横断面处的腰下部；性成熟后及经产母猪，卵巢呈葡萄状，由于有成熟卵泡和黄体的出现，体积显著增大，位于髋结节前缘横断面前方约 4cm，在髋结节到膝关节连线的中点，靠近体正中线。 　　猪的子宫属双角子宫，子宫角长而弯曲，形成小肠，大母猪的子宫角很长，子宫角壁厚而硬，色较白，小母猪子宫角细而弯曲，壁薄，色泽粉红，子宫体短，子宫颈长，约为子宫体的 3 倍，子宫颈的肌层发达，黏膜在两侧集拢形成两行半球形隆起称子宫颈枕，有 14~20 个交错分布，使子宫颈管呈螺旋状，子宫颈不突出，不形成子宫颈阴道部，子宫颈与阴道无明显界限，阴道较狭，前端不形成阴道穹，后端与阴道前庭交界处在腹侧壁以尿道外口为界。
注意事项	一般情况下是按照以上程序进行解剖，实际解剖时应根据临床资料灵活改变程序。解剖过程中要做记录，将各脏器的状况进行详细记录，也可拍照进行记录。解剖过程中要注意个人的防护，解剖人员必须戴手套，防止手划伤感染。活体解剖应在规定的解剖室进行，解剖后要进行尸体无害化处理。

【考核评价】

评价类别	项目	子项目	个人评价	组内互评	教师评价
专业能力（60%）	资讯（5%）	收集信息（3%）			
		引导问题回答（2%）			
	计划（5%）	计划可执行度（3%）			
		设备材料工具、量具安排（2%）			

评价类别	项目	子项目	个人评价	组内互评	教师评价
专业能力（60%）	实施（25%）	工作步骤执行（5%）			
		功能实现（5%）			
		质量管理（5%）			
		安全保护（5%）			
		环境保护（5%）			
	检查（5%）	全面性、准确性（3%）			
		异常情况排除（2%）			
	过程（5%）	使用工具、量具规范性（3%）			
		操作过程规范性（2%）			
	结果（10%）	结果质量（10%）			
	实验报告（5%）	完成质量（5%）			
社会能力（20%）	团结协作（10%）	学习纪律性（5%）			
		爱岗敬业、吃苦耐劳精神（5%）			
	敬业精神（10%）	小组成员合作良好（5%）			
		对小组的贡献（5%）			
方法能力（20%）	计划能力（10%）	考虑全面（5%）			
		细致有序（5%）			
	实施能力（10%）	方法正确（5%）			
		选择合理（5%）			
评价评语	评语： 　　　　组长签字：　　　　　　　教师签字： 　　　　　　　　　　　　　　　　年　　月　　日				

【思考题】

（1）舌黏膜有几种乳头？

（2）大唾液腺有哪几对？分别写出各对大唾液腺的名称，位置及其导管的走行和开口的部位。

（3）咽可以分为哪几部分？各部分的位置、分界标志以及各部分内有什么重要结构？

（4）食管有几段？分别写出它们的准确位置，有何临床意义？

（5）十二指肠可分为几个部分？写出各部分的具体名称。

（6）空肠和回肠有哪些重要的区别点？

（7）比较牛、猪胃的结构特征。

（8）牛、猪升结肠的结构特点。

（9）何为胸膜和胸膜腔？

（10）简述肺的外形和分叶。

（11）喉的软骨有哪些？如何构成喉的骨性支架？

（12）简述泌尿系统的组成及功能。

（13）试述肾的类型。

（14）在肾的切面上，可观察到哪些重要结构？

（15）简述输尿管的走行及分部。

（16）简述尿液的产生和排出体外的途径。

（17）雌性生殖器包括哪些器官？

（18）雄性生殖器包括哪些器官？

（19）简述牛和猪子宫的形态、位置和结构特征。

任务三　家禽的活体解剖观察

【任务目标】

（1）掌握家禽内脏器官的主要特征。

（2）了解家禽一般解剖特点。

【任务描述】

1. 工作任务

（1）鸡（或鸭）的保定操作。

（2）鸡（或鸭）的放血部位及方法。

（3）鸡（或鸭）的解剖操作方法和技巧。

（4）鸡（或鸭）的各内脏器官的观察等。

2. 主要工作内容

（1）掌握解剖前需准备的材料。

（2）掌握解剖时由外到内的观察顺序。

（3）掌握家禽活体解剖保定的不同方法。

（4）掌握家禽活体解剖肌肉分离原则。

（5）通过对家禽与家畜的比较解剖观察，了解家禽适应飞翔后各系统的变化。

【任务要求】

1. 知识技能要求

（1）掌握家禽活体解剖的顺序及注意事项。

（2）学会对家禽进行颈静脉插管放血操作。

（3）学会对家禽进行肌肉的分离操作。

（4）掌握家禽内脏的解剖学结构特征。

（5）掌握家禽胸腔内脏器官的解剖学结构特征。

2. 实习安全要求

在进行解剖实际操作时，要严格按照规定进行操作，注意安全，防止误操作引起人员外伤。

3. 职业行为要求

（1）实验材料要准备充足。

（2）实习服装要着装整齐。

（3）遵守课堂纪律。

（4）具有团结合作精神。

【训练材料】

1. 器材

剥皮刀、解剖刀、检查刀、软骨刀、脑刀、外科刀、肠剪、骨剪、尖头剪、圆头剪、弓锯、双刃锯、骨锯、电动多用锯、斧子、尺子、探针、镊子、酒精灯、试管、注射器、针头、青霉素瓶、广口瓶、高压灭菌器、载玻片、灭菌纱布、脱脂棉。

2. 药品

3%来苏尔、0.1%新洁尔灭、5%碘酊、70%酒精。

3. 实验动物

鸡或鸭。

4. 其他

工作服、工作帽、口罩、护目镜、胶皮手套、围裙、胶靴、毛巾、肥皂、脸盆、火柴。

【操作训练】

家禽活体解剖操作要求如下。

工作程序	操作要求
解剖前准备	穿好工作服、胶靴、戴工作帽、护目镜、围裙、胶皮手套。
处死家禽	以鸡为例叙述家禽的屠宰过程，把鸡侧卧在解剖盘上，一人两手分别按住鸡下肢与胸侧部，另一人用左手握住鸡的头部，右手用大头针刺入枕骨大孔，破坏延髓使鸡死亡；或左手食指和中指抓住鸡两翅膀，右手将鸡头反向拉向翅膀，用左手拇指和食指固定，左手小指钩住鸡的右大腿，右手持刀将一侧的颈总动脉割断，将鸡倒提，右手提住另一大腿，将血放完。鸡死亡后先褪毛，然后进行解剖操作。把尸体背部朝下，用小解剖刀切开胸部皮肤并拉向两侧，将两腿翻开观察胸肌，为白色或淡红色，是全身最发达的肌肉。 先自胸骨后方切开腹壁，然后提起龙骨突，并沿其两侧由后向前切开胸壁，以粗剪刀（或骨剪）剪断两侧的肋骨与乌喙骨，连同胸肌一起向前翻，暴露胸腔、腹腔。
气囊的解剖观察	暴露胸腔、腹腔后，先观察气囊，气囊是禽类特有的器官，是肺的衍生物，由支气管的分支出肺后形成。气囊有多种生理功能，可减轻体重、平衡体位、加强发音、发散体热、贮存气体使家禽在吸气和呼气过程中都能进行气体交换即"双重呼吸"，适应禽类新陈代谢旺盛的需要。腹气囊位于腹腔内脏两旁，胸气囊有4个，分别为左、右前胸气囊、左、右后胸气囊，位于胸腔内的两侧，颈气囊1对，锁骨间气囊只有1个，位于锁骨之间（图2-14、图2-15）。 1—气管；2—肺；3—初级支气管；4—三级支气管；5—次级支气管；6—颈气囊；7—锁骨间气囊；8—前胸气囊；9—后胸气囊；10—腹气囊和腹气囊的肾憩室。 图2-14　鸡的肺及气囊模式图（侧面观）

工作程序	操作要求
气囊的解剖观察	 上图为吸气时，下图为呼气时；实线示吸入的新鲜空气经过路线， 虚线示经气体交换后的空气经过路线。 **图 2-15　禽气囊作用模式**
消化系统的解剖观察	家禽消化系包括消化管和消化腺。禽类口腔没有软腭、缺唇、无齿，上、下颌形成角质喙，喙是采食器官，其形态和构造因家禽种类而有所不同。鸡、鸽子喙为尖锥形，被覆有坚强的角质，有利于在陆地上采食；鸭、鹅的喙长而扁，大部分被覆以角质层较柔软的蜡膜，有利于在水中采食。舌背高度角质化，黏膜缺味觉乳头，仅分布有数量少、结构简单的味蕾，味觉迟钝。口腔与咽没有明显的界线，常合称为口咽。家禽唾液腺比较发达，数量较多（图 2-16）。 1—口腔；2—喉；3—咽；4—气管；5—食管；6—嗉囊；7—腺胃； 8—肝；9—胆囊；10—肌胃；11—囊；12—十二指肠；13—空肠； 14—回肠；15—盲肠；16—直肠；17—泄殖腔；18—输卵管；19—卵巢。 **图 2-16　鸡的消化器官**

工作程序	操作要求
消化系统的 解剖观察	食管扩展性大，可分颈段和胸段。颈段与气管同偏于颈的右侧，直接在皮下，鸡、鸽子食管在胸前口向一侧或两侧对称膨大形成嗉囊，鸭、鹅不形成真正的嗉囊，仅形成颈膨大。嗉囊主要贮存和软化食物，鸽子的嗉囊上皮细胞在育雏期增殖而发生脂肪变性，脱落后与分泌的黏液形成鸽乳以哺乳幼鸽。 　　食管后接胃，胃分为腺胃和肌胃，腺胃呈纺锤形，后以峡连肌胃，腺胃壁较厚，黏膜表面形成乳头，上有胃腺的开口，食物通过腺胃时，与胃腺分泌的胃液混合后立即进入肌胃，肌胃紧接腺胃之后，为近圆形或椭圆形的双凸体，质地坚实，位于腹腔左侧，在肝后的两叶之间，肌胃的肌层很发达，由平滑肌构成，切开肌胃内常有砂粒，又称砂囊，黏膜内有腺体，其分泌物在黏膜表面形成厚的类角质层，俗称肫皮，中药名为"鸡内金"，起保护膜的作用。肌胃以发达的肌层和胃内砂粒以及粗糙而坚韧的类角质膜，对食物进行机械性磨碎，与消化液充分混合，对食物进行消化（图2-17）。 1—食管；2—腺胃；3—胃腺开口及乳头；4—肌胃； 5—幽门；6—十二指肠。 **图2-17　鸡的胃（剖开）** 　　肠仍可区分为小肠和大肠，小肠包括十二指肠、空肠和回肠，十二指肠位于腹腔右侧，形成较长而直的"U"形袢，"U"形袢的中间夹有胰腺，十二指肠向后延伸为空回肠，空回肠形成许多肠袢，由肠系膜悬挂于腹腔的右侧，空回肠的中部有一小突起称卵黄囊憩室，是胚胎时期卵黄囊柄的遗迹，常以此作为空肠与回肠的分界，回肠的末端较直，以系膜与盲肠相连。禽类大肠不发达，为一对盲肠和一短的结直肠，盲肠基部肠壁内分布有丰富的淋巴组织，称盲肠扁桃体，以鸡的最明显。鸽子的盲肠很不发达。禽类没有明显的结肠，只有一短的直肠。这些结构的变化都是适应于禽类的飞翔，粪便形成后即被排出体外，减轻了体重。消化管最后一段为泄殖腔，为消化、泌尿和生殖的共同通道，泄殖腔以黏膜褶分为三个

工作程序	操作要求
消化系统的解剖观察	部分，前部为较膨大的粪道，向前与直肠相通，中间部分为泄殖道，输尿管以及公禽的输精管和母禽的输卵管开口于泄殖腔的背侧，肛道为最后部分，向后以泄殖孔（或肛门）开口于体外，其背侧在幼禽有法氏囊的开口。 　　禽类肝发达，位于腹腔前下部，分左、右两叶，右叶有一胆囊，但鸽子无胆囊，肝的两叶各有一肝门，每叶的肝动脉、门静脉和肝管等由此进出，右叶肝管注入胆囊，再由胆囊发出胆囊管，左叶的肝管不经胆囊，与胆囊管共同开口于十二指肠终部，但鸽子左叶的肝管较粗，开口于十二指肠的降支。胰位于十二指肠袢内，呈淡黄色或淡红色，长条形，胰管在鸡一般有 2~3 条，鸭、鹅有 2 条，与胆囊管一起开口于十二指肠终部（图 2-18）。 　　1、1′—肝右叶和左叶；2—胆囊；3、3′—胆囊肠管和肝肠管； 　4—胰管；5、5′、5″—胰腺背叶、腹叶和腺叶；6—十二指肠袢； 　　　7—肌胃；8—腺；9—腺胃；10—食管。 　　　　**图 2-18　鸡的肝和胆管及胰腺和胰管**
呼吸系统的解剖观察	禽类呼吸系包括呼吸道（鼻、咽喉、气管和支气管）、肺以及特有的气囊。禽类鼻腔狭窄，鼻孔位于上喙的基部，喉位于咽的底壁，在舌根的后方，喉由环状软骨和勺状软骨围成，没有会厌软骨和甲状软骨，环状软骨是喉的主要基础。喉口呈缝状，喉腔内无声带。 　　喉气管较长而粗，伴随食管后行，一同偏至右侧，入胸腔后又转到颈的腹侧，进入胸腔后在心基上方分叉为两个支气管，分叉处形成鸣管，气管由"O"形气管环所构成，幼禽为软骨，以后随年龄的增长而发生骨化。鸣管是禽类发声的器官，由鸣膜和鸣骨构成，公鸭的鸣管在左侧形成一个膨大的骨质空腔，无鸣膜，故发声嘶哑（图 2-19）。

工作程序	操作要求
呼吸系统的解剖观察	 A. 外形　　　　B. 纵剖面 1—气管；2—鸣腔；3—鸣骨；4—外侧鸣膜；5—内侧鸣膜； 6—支气管；7—胸骨气管肌及气管肌。 **图 2-19　鸡的鸣管** 肺不大，不分叶，镶嵌在胸腔背侧壁的肋沟间，淡红色，富有弹性，禽肺内支气管分支不形成支气管树，而是互相连通形成管道（图 2-20）。 A.公鸭气管和肺（腹侧观）　　B. 鸡肺支气管模式 A中，1—气管；2、4—气管肌和胸骨气管肌； 3—鸣管泡；5—支气管；6—肺（左肺为背侧面）。 B中，1—内腹侧群；2—内背侧群；3—外腹侧群； 4—外背侧群次级支气管；5—三级支气管。 **图 2-20　禽肺外形和构造**

工作程序	操作要求
泌尿系统的 解剖观察	禽类的泌尿系包括肾和输尿管，没有膀胱和尿道。肾很发达，占体重的1%以上，位于综荐骨两旁和髂骨的内面，肾外无脂肪囊包裹，仅垫以腹气囊的肾憩室。肾呈红褐色，分前、中、后三叶，没有肾门，血管、神经和输尿管在不同部位直接进出肾。输尿管在肾内不形成肾盂或肾盏，整个肾不能区分为皮质和髓质。肾的血液供应与哺乳动物不同，除肾动脉和肾静脉外，还有肾门静脉。 　　输尿管从肾中叶发出，沿肾的腹侧向后延伸，最后开口于泄殖腔顶壁两侧。输尿管壁薄，常因尿酸盐的沉积而呈白色，尿随粪便一同排出体外（图2-21）。 　　1—睾丸；2—睾丸系膜；3—附睾；4—肾的前叶；5—输精管；6—肾的中叶；7—输尿管；8—肾的后叶；9—粪道；10—输尿管口；11—射精管及口；12—泄殖道；13—肛道；14—肠系膜后静脉；15—坐骨动脉及静脉；16—肾后静脉；17—肾门后静脉；18—股动脉及静脉；19—主动脉；20—髂总静脉；21—后腔静脉；22—右肾上腺。 **图2-21　公鸡的泌尿器官和生殖器官** （右侧睾丸及部分输精管除去，泄殖腔剖开）
生殖系统的 解剖观察	生殖系统包括公禽生殖系统和母禽生殖系统。 　　睾丸左、右各一，其最大特点是正常时位于腹腔内，以肠系膜悬于肾前部的腹侧，睾丸体表投影位于最后两个椎肋骨的上部，睾丸大小因年龄和季节而发生变化，幼雏的睾丸只有米粒大、淡黄

工作程序	操作要求
生殖系统的 解剖观察	色，成禽在生殖季节可达鸽子蛋大，颜色变为白色。睾丸外面包有浆膜和一层薄的白膜，不形成睾丸小隔和纵隔，附睾主要由睾丸输出小管和短的附睾管构成，附睾丸再延续为输精管。输精管为一对弯曲的细管，与输尿管并行，开口于泄殖腔的泄殖道，输精管是精子成熟和主要贮存处，在生殖季节输精管加长增粗，常因贮存精液呈乳白色，禽类无副性腺。禽类的交配器官因禽类不同而异，公鸡的交配器官不发达，只在泄殖腔肛道底壁正中近肛门处，有一小隆起，称阴茎乳头，雏鸡明显，可用此鉴别雌雄。公鸭、公鹅有较发达的阴茎，位于肛道腹侧偏左，长达6~9cm。 　　母禽生殖器官仅左侧发育正常，右侧在胚胎发生过程中即停滞而退化，包括卵巢和输卵管。卵巢以短的系膜附着在左肾前部及肾上腺的腹侧，雏禽卵巢为扁平椭圆形，呈灰白色或白色，表面呈颗粒状，被覆生殖上皮，随着年龄的增长和性成熟，卵泡不断生长发育，卵泡逐渐蓄积卵黄，卵巢呈葡萄状，有较大的成熟卵泡出现，停产时卵巢萎缩，直到下次产卵期卵泡又开始生长。输卵管左侧发育完整，为一条长而弯曲的管道，幼禽较细而直，成禽在停产期也萎缩。输卵管根据构造和功能，由前向后可顺次分为五部分，即漏斗部、膨大部、峡部、子宫部和阴道。漏斗部位于卵巢的后方，周缘薄而呈伞状，中央有一缝状的输卵管腹腔口；下部为膨大部，又称蛋白分泌部，是输卵管最长和最弯曲的一段，此处形成蛋白；其后段较短而细称峡部，该处形成蛋壳膜；子宫部扩张呈囊状，壁较厚，黏膜含有壳腺，分泌物形成蛋壳及其色素；最后为阴道，弯曲呈"S"形的短袢，开口于泄殖腔的左侧（图2-22）。 1—卵巢中的成熟卵泡；2—排卵后的卵泡膜；3—漏斗部的输卵管伞； 4—左肾前叶；5—输卵管背侧韧带；6—输卵管腹侧韧带；7—卵白分泌部； 8—峡部；9—子宫及其中的卵；10—阴道；11—肛门；12—直肠。 **图2-22　母鸡的生殖器官**

工作程序	操作要求
运动系统的观察	禽类骨骼由于适应飞翔而发生相应变化，其主要特征是骨的强度大、重量轻、多为含气骨，骨与骨之间的愈合程度高，如颅骨、腰荐骨和盆带等（图 2-23、图 2-24）。 1—颌前骨；2—筛骨；3—腭骨；4—颅骨；5—方骨；6—指骨；7—掌骨；8—腕骨；9—尺骨；10—桡骨；11—肱骨；12—气孔；13—胸椎；14—肩胛骨；15—肋骨及钩突；16—髂骨；17—坐骨；18—尾椎；19—尾综骨；20—坐骨；21—耻骨；22—闭孔；23—股骨；24—趾骨；25—大跖骨；26—胫骨；27—腓骨；28—髌骨；29—胸骨；30—锁骨；31—乌喙骨；32—颈椎；33—寰椎；34—颧骨；35—下颌骨。 **图 2-23　鸡的全身骨骼** 　　禽类全身骨骼包括躯干骨、头骨、前肢骨和后肢骨。 　　禽类颈椎数目多，呈"S"状弯曲，鸡 14 个、鸽子 12 个、鸭 15~16 个、鹅 17~18 个，颈部运动灵活，伸展自如，利于啄食、警戒和用喙梳理羽毛。胸椎鸡、鸽子 7 个，鸭、鹅 9 个，大多数已相互愈合，肋骨的对数与胸椎数目一致，前 1~2 对是浮肋，不与胸骨相接，其余是胸骨肋，分为背侧的椎肋骨和腹侧的胸肋骨，后

工作程序	操作要求
运动系统的观察	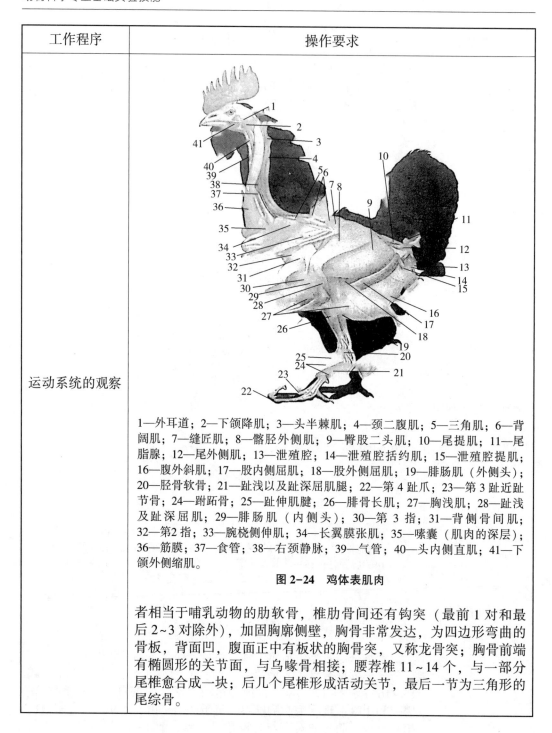 1—外耳道；2—下颌降肌；3—头半棘肌；4—颈二腹肌；5—三角肌；6—背阔肌；7—缝匠肌；8—髂胫外侧肌；9—臀股二头肌；10—尾提肌；11—尾脂腺；12—尾外侧肌；13—泄殖腔；14—泄殖腔括约肌；15—泄殖腔提肌；16—腹外斜肌；17—股内侧屈肌；18—股外侧屈肌；19—腓肠肌（外侧头）；20—胫骨软骨；21—趾浅以及趾深屈肌腱；22—第4趾爪；23—第3趾近趾节骨；24—跗跖骨；25—趾伸肌腱；26—腓骨长肌；27—胸浅肌；28—趾浅及趾深屈肌；29—腓肠肌（内侧头）；30—第3指；31—背侧骨间肌；32—第2指；33—腕桡侧伸肌；34—长翼膜张肌；35—嗉囊（肌肉的深层）；36—筋膜；37—食管；38—右颈静脉；39—气管；40—头内侧直肌；41—下颌外侧缩肌。 **图2-24 鸡体表肌肉** 者相当于哺乳动物的肋软骨，椎肋骨间还有钩突（最前1对和最后2~3对除外），加固胸廓侧壁，胸骨非常发达，为四边形弯曲的骨板，背面凹，腹面正中有板状的胸骨突，又称龙骨突；胸骨前端有椭圆形的关节面，与乌喙骨相接；腰荐椎11~14个，与一部分尾椎愈合成一块；后几个尾椎形成活动关节，最后一节为三角形的尾综骨。

工作程序	操作要求
运动系统的观察	头骨有颅骨与面骨之分，颅骨愈合成一整体，面骨中上颌各骨连成一整体，构成上喙的支架，下颌骨不直接与颞骨成关节，中间有一块方骨，上、下颌骨没有牙齿。 　　前肢转化为翼，前肢骨分肩带部与游离部，肩带部完整，包括肩胛骨、锁骨和乌喙骨，肩胛骨为长带状，在前肋的外面，与脊柱几乎平行，前端的关节面与臂骨、锁骨和乌喙骨相连，锁骨呈弯曲的棒状，左、右锁骨下端互相长合又称叉骨，上端与肩胛骨成关节，乌喙骨是肩带部最大的骨，下端与胸骨构成关节，上端与肩胛骨及臂骨连接；游离部成为翼，有3段，折叠成"乙"状弯曲，第1段为臂骨，近端有一大的气孔，第2段是前臂骨，由尺骨和桡骨构成，尺骨粗长，桡骨较细，第3段为腕骨、掌骨和指骨，腕骨只有2块并愈合成一块，具有第2、第3、第4掌骨并互相愈合，第2掌骨很小，有3个发育不全的第2、第3、第4指骨与相应的掌骨连接，第2、第3指保留两节指节骨，第4指仅有1节指节骨，鸭和鹅的第2、第3、第4指则分别有2个、3个、2个指节骨。 　　后肢骨区分为盆带部与游离部，盆带部有髋骨、坐骨和耻骨，左、右髋骨在背侧与腰荐骨形成骨性结合，在腹侧不相连，髋骨与坐骨联合，二骨之间形成大坐骨弓，耻骨细长，与坐骨形成小的闭孔；游离部有三段，第一段为股骨，较长；第二段为小腿骨，胫骨发达，腓骨较细；第三段有跗骨、跖骨和趾骨，跗骨的上端与下端分别同胫骨与跖骨愈合，跖骨发达，有第2、第3、第4跖骨，互相愈合，在远端才分开，内侧有一小跖骨，趾骨有4趾，向后的是第1趾，有2枚趾节骨，向前为第2、第3、第4趾，分别有3枚、4枚、5枚趾节骨。
注意事项	一般情况下是按照以上程序进行解剖，实际解剖时应根据临床资料灵活改变程序。解剖过程中要做记录，将各脏器的状况进行详细记录，也可拍照进行记录。解剖过程中要注意个人的防护，解剖人员必须戴手套，防止手划伤感染。活体解剖应在规定的解剖室进行，解剖后要进行尸体无害化处理。

【考核评价】

评价类别	项目	子项目	个人评价	组内互评	教师评价
专业能力 （60%）	资讯（5%）	收集信息（3%）			
		引导问题回答（2%）			
	计划（5%）	计划可执行度（3%）			
		设备材料工具、量具安排（2%）			

评价类别	项目	子项目	个人评价	组内互评	教师评价
专业能力（60%）	实施（25%）	工作步骤执行（5%）			
		功能实现（5%）			
		质量管理（5%）			
		安全保护（5%）			
		环境保护（5%）			
	检查（5%）	全面性、准确性（3%）			
		异常情况排除（2%）			
	过程（5%）	使用工具、量具规范性（3%）			
		操作过程规范性（2%）			
	结果（10%）	结果质量（10%）			
	实验报告（5%）	完成质量（5%）			
社会能力（20%）	团结协作（10%）	小组成员合作良好（5%）			
		对小组的贡献（5%）			
	敬业精神（10%）	学习纪律性（5%）			
		爱岗敬业、吃苦耐劳精神（5%）			
方法能力（20%）	计划能力（10%）	考虑全面（5%）			
		细致有序（5%）			
	实施能力（10%）	方法正确（5%）			
		选择合理（5%）			
评价评语	评语： 　　　　　　组长签字：　　　　　　　教师签字： 　　　　　　　　　　　　　　　　　　　　年　　月　　日				

【思考题】

(1) 鸟类为了适应飞翔，发生了哪些方面的变化？

(2) 家禽运动系统具有哪些特征？

(3) 家禽消化系统具有哪些特征？

(4) 家禽呼吸系统具有哪些特征？

(5) 家禽泌尿系统具有哪些特征？

(6) 家禽生殖系统具有哪些特征？

(7) 禽蛋是如何形成和产出的？

项目二　动物组织与胚胎学实验

一、项目定位与性质

动物组织胚胎学课程所研究的动物以家畜和家禽为主，兼顾宠物、经济动物和部分实验动物。组织学是研究正常动物体组织的微细结构及功能的科学，胚胎学是研究动物个体发生及发育规律的科学。组织学与胚胎学有不同的研究内容，但两者之间又紧密相连。在我国的动物医学、动物科学、生物技术和生物学等专业教育中，习惯地将它们列为一门专业基础课程。

动物组织胚胎学是一门承前启后的专业基础课程。学习动物组织胚胎学所需的先修课程为动物学、解剖学。同时，又与许多后继课程如生理学、生物化学、病理学、免疫学及临床各学科的课程密切相关。动物组织胚胎学的主要教学目的是使学生掌握畜禽动物有机体在正常生理状态下的组织结构，了解动物，个体发生及发育规律。只有正确认识和掌握健康畜禽各组织器官形态结构及发生、发展规律，才能进一步研究它们的生理机能和病理变化，做出科学的诊断和采取合理的治疗，才能正确开展个体发生及发育规律的探索。所以，它既是动物解剖学的延续，又为进一步学习畜禽生理学、生物化学、病理学、免疫学、外科学、产科学和内科学等后续课程奠定基础。

二、项目目标

通过本课程的学习，学生能够掌握畜禽动物有机体在正常生理状态下的组织结构，了解动物个体发生及发育规律。通过对各种组织切片的观察，逐步培养学生学会观察比较分析和综合各种动物组织结构的基本方法，培养学生独立思考和独立工作的能力。为今后专业课的学习打牢基础。

（一）知识目标

(1) 掌握畜禽四大基本组织的结构特性及分布规律。

(2) 掌握畜禽重要器官、系统的结构及功能。

（3）了解畜禽机体及各部结构的发生和衰亡的过程。

（二）能力目标

（1）能够熟练各个器官的石蜡组织切片制作技术。

（2）能够掌握动物各个器官的基本组织结构。

（3）能够熟练辨认各个器官的组织切片，进一步巩固所学的组织学理论知识。

（4）能够培养和提高学生学习的自觉性和深入钻研客观事物的能力。

（三）素质目标

（1）提高学生的动手能力，培养不怕脏不怕累的吃苦耐劳和爱岗敬业的精神。

（2）培养学生仔细认真、富有耐心的素养，具有不骄不躁、沉下心来认真钻研的精神。

（3）培养学生敏锐的观察力，具有眼疾手快、思维敏捷、做事目的明确的素质。

（4）培养学生实事求是、精益求精的学风，具备独立思考和独立工作的能力。

三、项目内容

（一）设计思路

本课程是一门专业基础课程，在整个兽医学习过程中，起着重要的承前启后作用。设计本课程的思路就是围绕能够进一步为学习畜禽生理学、生物化学、病理学、免疫学、外科学、产科学和内科学等后续课程奠定基础，同时也为了适应新时代对人才的新要求，能够让学生掌握实际的切片制作能力和对切片的准确判读能力来设计教学。

（1）为学习后续课程奠定扎实的基础，侧重培养学生认读组织切片的能力为主。

（2）以实际生产岗位所必需的技能为主线设计教学内容。

（3）在观察组织切片时，以学生为主体，教师辅助，尽可能激发学生学习主动性，掌握更多基础知识。

（4）实训过程中让学生自己动手，以掌握石蜡切片制作的全面技能。

因课程的性质决定了它的内容抽象，在传统的教学模式下，学生在学习的过程中看不见、摸不着，较难理解只能凭借教师的介绍进行理解和想象，以至于学习兴趣低，对课程的学习效果差。通过一体化教学模式，将理论教学与实践教学融为一体，实现在课堂上的"教、学、做、识、绘、考"一体化。培养学生的观察能力、描述能力、总结能力，调动学生的积极性、主动性，提高动物组织胚胎学课程的学习质量。

（二）教学内容

通过本课程的学习，要求学生能够牢固掌握畜禽动物有机体在正常生理状态下的组织结构，了解动物个体发生及发育规律。只有正确认识和掌握健康畜禽各组织器官形态结构及发生、发展规律，才能进一步研究它们的生理机能和病理变化，做出科学的诊断和采取合理的治疗。同时，通过对各种组织切片的观察，逐步培养学生学会观察比较分析和综合各种动物组织结构的基本方法，培养学生独立思考和独立工作的能力。

（1）选择教学内容的原则是：以畜禽四大基本组织的结构特性及分布规律和器官、系统的结构及功能为主线组织来教学内容。根据动物医学专业今后学习的要求，教学内容选择以家畜和家禽为主，适当增加宠物、特种经济动物和部分实验动物的内容。

（2）教学组织以认读正常组织切片为主导，特别是实践教学的组织是让学生先在显微镜下由低倍到高倍进行观察，再根据挂图，绘制组织结构，并自己动手制作石蜡切片，体现出实践操作的重要性。

（3）根据学习后续课程和兽医岗位工作的要求，本课程的理论教学内容主要讲授家畜和家禽的组织结构特点为主，实践教学内容以畜禽在正常生理状态下的组织结构为主。

任务具体教学内容见表 2-2。

表 2-2　动物组织胚胎学实验任务分解

任务名称	目的要求	学习性工作任务及内容 （包括理论及实践内容）
任务一 细胞、基本组织显微观察	1. 细胞的显微结构观察 2. 上皮组织的显微结构观察 3. 结缔组织的显微结构观察 4. 血液的显微结构观察 5. 肌组织的显微结构观察 6. 神经组织的显微结构观察	1. 掌握细胞在光学显微镜下的基本结构及各种类型被覆上皮的形态结构 2. 掌握结缔组织中特别是疏松结缔组织和网状组织等的形态特点 3. 掌握血液涂片的制作方法，并观察血液涂片；同时以骨骼肌为重点，掌握 3 种肌纤维的形态和结构特点，以及神经元的构造
任务二 消化系统的显微观察	1. 食管组织的显微结构观察 2. 胃底部组织的显微结构观察 3. 空肠组织的显微结构观察 4. 肝脏组织的显微结构观察 5. 胰腺组织的显微结构观察	1. 掌握消化管各段的结构特点 2. 掌握肝脏和胰腺的结构特点
任务三 呼吸、泌尿、神经、被皮系统的显微观察	1. 呼吸系统的显微结构观察 2. 泌尿系统的显微结构观察 3. 神经系统的显微结构观察 4. 被皮系统的显微结构观察	1. 掌握气管、肺的构造 2. 掌握肾和膀胱的构造 3. 掌握脊髓、小脑、脊神经节的构造 4. 掌握家畜皮肤及皮肤衍生物：毛、皮脂腺、汗腺及乳腺的组织结构

四、考核评价方式

以专业基础为导向的教学理念，强调学生的知识全面性和正确认读正常组织切片的能力。在考核中注重学生掌握专业知识是否全面，是否准确为主。同时为了适应社会对人才的需求，更注重学生动手能力的考核。

1. 实践考核

利用多媒体课件、各种器官组织切片、挂图等给出不同组织、器官的组织结构特点，要求学生对每个组织绘制出显微镜下结构，形成报告。

2. 综合能力考核

按实际工作要求，对每位学生制作石蜡组织切片的每个环节进行操作考核。

任务一　细胞、基本组织显微观察

【任务目标】

（1）通过观察卵巢切片、马蛔虫子宫切片，掌握细胞在光镜下的基本结构；了解细胞的主要增殖方式——有丝分裂过程中各期的形态学特征。

（2）通过观察小肠横切片、结缔组织铺片、骨骼肌切片、脊髓横等切片掌握四大基本组织的形态结构及分布特点。

【任务描述】

1. 工作任务

（1）观察卵巢切片、马蛔虫子宫切片。

（2）观察小肠横切片、结缔组织切片、骨骼肌切片、脊髓横切片等。

2. 主要工作内容

（1）掌握细胞在光镜下的基本结构。

（2）掌握各类型被覆上皮组织的形态结构特点。

（3）掌握结缔组织的分类，以及各种类型结缔组织的结构特点。

（4）掌握肌组织的分类和每种类型的结构特点。

（5）掌握神经组织的结构特点。

【任务要求】

1. 知识技能要求

（1）能熟练运用光学显微镜对组织切片进行观察。

（2）能够描述各类型上皮组织的结构特点，并能在显微镜下辨认。

（3）通过观察，能够在镜下辨认结缔组织中的不同细胞。

2. 实习安全要求

在进行切片观察时，要严格按照规定进行操作，注意安全，防止被玻片划伤。

3. 职业行为要求

（1）实验材料要准备充足。

（2）实习服装要着装整齐。

（3）遵守课堂纪律。

【训练材料】

光学显微镜、卵巢切片、马蛔虫子宫切片、小肠横切片、气管横切片、食管横切片、结缔组织切片、淋巴结切片（镀银法染色）、淋巴结切片（HE 染色）、气管横切片、骨干横磨片、家畜血液涂片、家禽血液涂片、骨骼肌切片、心肌切片、平滑肌切片、脊髓横切片。

【操作训练】

（一）细胞的显微结构观察与操作要求

1. 光学显微镜下圆形细胞的形态结构（以初级卵母细胞为例，卵巢切片，HE 染色）

工作程序	操作要求
低倍镜观察	找到卵巢的边缘部分，可见其中有许多小而圆、单个或成群存在的原始卵泡。选择一个典型而清晰的原始卵泡，转换高倍镜观察。
高倍镜观察	高倍镜下可见原始卵泡由位于中央的卵母细胞和位于其外围核呈扁平状的一层卵泡细胞组成。卵母细胞较大，圆形，中央有一个大而圆、嗜碱性的细胞核，核仁大而明显、染色质呈小块状。细胞质包绕在核的周围，弱嗜酸性，呈细颗粒状或均质淡红色。细胞质内未见任何细胞器和包含物，这是由于所有的细胞器和包含物都需要经过特殊的染色才能显示。细胞膜和核膜在光学显微镜下不能分辨。切面如不经过细胞核或核仁，则细胞内无细胞核或缺核仁。核内的各种结构可能不在同一焦距平面上，观察时必须上下转动细调节螺旋方可获得清晰的图像。
注意事项	（1）显微镜是组织学实验课的主要仪器，是培养基本技能的重要方法，因此要求每个学生熟练掌握显微镜的使用方法。 （2）观察切片时应在低倍镜下观察整体结构，然后转换高倍镜观察局部微细结构，切忌集中于某一部位，未加详细观察与思考就转入高倍镜。 （3）观察标本时要配合必要的绘图和记录，增强理解和记忆，但必须在前面观察并掌握重要结构和弄清重要结构和次要结构关系的基础上，选择器官或组织中比较典型的部分进行绘图，切忌盲目临摹挂图或书本的插图。 （4）在学习本课程期间要充分利用实验指导书上的插图、实验室的挂图，实物标本、模型、幻灯片和图片（包括光学显微镜和电子显微镜）等直观教具，由于显微镜下所见的组织切片图像是平面的，而实际的组织、器官的微细结构则是立体的，二者之间存在一定的差别。

2. 动物细胞有丝分裂（马蛔虫子宫切片，铁苏木精染色）

工作程序	操作要求
低倍镜观察	一个马蛔虫子宫横切面，可见子宫壁由高柱状细胞构成，子宫腔内有许多圆形或椭圆形的马蛔虫卵切面。每个虫卵的外表面都包着一层较厚的胶质膜，其内是处于不同分裂阶段的卵细胞。
高倍镜观察	卵细胞的胞质着淡蓝色，找出各分裂期的形态学特点，找出前期、中期、后期和末期的卵细胞。 　　前期：虫卵的胶质膜内只有一个圆形的卵细胞，细胞核中的染色质已形成发夹样的染色体，并在核仁、核膜消失后群集于细胞质中。纺锤体明显，其两极有深染的中心体。 　　中期：纺锤体移至细胞中部，染色体排列于纺锤体中部的赤道面上。 　　后期：染色体分为均等的两半，并分别向两极的中心体集中，中部的胞膜向内缩窄而呈哑铃状。 　　末期：胶质膜内的两个子细胞已完全分开，染色体解聚变成小块状的染色质，核仁、核膜相继出现，注意若在一个马蛔虫的子宫切片中，未能观察到各期分裂相时，可从别的子宫切面中寻找，直至全部观察到为止。

（二）上皮组织的显微结构观察与操作要求

1. 单层立方上皮（甲状腺切片，HE 染色）

工作程序	操作要求
低倍镜观察	先对甲状腺进行全面的观察，可见视野中有许多大小不一的囊、腔状结构，囊腔中充满红色的块状物为甲状腺分泌物，也有的囊内无红色块状物。组成囊或腔壁的一层结构为甲状腺的滤泡壁上皮，由单层立方上皮细胞组成。选一部分囊或腔壁完整、清晰的结构置于视野的中央，转到高倍镜下进一步观察。
高倍镜观察	可见囊或腔壁细胞呈立方状或近似立方状；细胞质呈红色；细胞核圆形、蓝紫色，核内有时可见核仁，为红色或蓝紫色的圆球形小体；内外层细胞膜清晰，而细胞之间的细胞膜分界不十分清楚。

2. 单层柱状上皮（小肠横切片，HE 染色）

工作程序	操作要求
低倍镜观察	可见肠壁腔面有许多突起的小肠绒毛，选择一个结构清晰的小肠绒毛进一步详细观察。
高倍镜观察	小肠绒毛表面由单层柱状上皮构成。上皮细胞的细胞质嗜酸性，细胞核椭圆形，嗜碱性且着色较深，位于细胞近基部。转动细调节螺旋可见上皮的游离面有一条亮红色粗线样的结构即纹状缘，它是由微绒毛密集而成的。上皮的基底面与结缔组织交界处有着色较深的基膜，在局部的上皮细胞之间，夹有单个呈空泡样的杯状细胞，属于单细胞腺，分泌黏液。杯状细胞的顶部因含大量黏原颗粒而膨大成杯状，由于黏原颗粒不着色（或着淡蓝色）而呈空泡状。细胞的基部较小，内含不规则或新月状的细胞核。

3. 假复层柱状纤毛上皮（气管横切片，HE 染色）

工作程序	操作要求
低倍镜观察	气管的黏膜层较薄，被覆的是假复层柱状纤毛上皮，选择其中较清晰的部分换高倍镜观察。
高倍镜观察	由于构成上皮的 3 种细胞高低不一，故上皮细胞中细胞核的位置亦高低不平。大致可排成 3 层。表层的细胞核呈椭圆形，较大，着色较淡的是高柱状细胞的核，中间层细胞的核呈较小的椭圆形，着色较深，是梭形细胞的核；最深层的核呈圆形，着色最深，是锥形细胞的核。3 种细胞同位于基膜上，实属单层上皮。注意高柱状细胞的游离面有纤毛。在有的部位上皮细胞间也见到空泡样的杯状细胞。上皮的基底面与结缔组织之间有较明显的基膜。

4. 复层扁平上皮（食管横切片，HE 染色）

工作程序	操作要求
低倍镜观察	找到紧靠腔面的复层扁平上皮，可见到上皮厚，层数多，选择一清晰部位换高倍镜观察。

工作程序	操作要求
高倍镜观察	从腔面向外观察，上皮细胞可分 3 个层次。表层由数层扁平状的细胞构成，胞质弱嗜酸性，由于不同程度的角化，细胞核可固缩而浓染变小至消失，最后呈鳞片状脱落。中间层细胞大，层数多，由多边形或梭形的细胞构成，细胞核圆或椭圆，着色较浅，细胞质弱嗜酸性。基底层细胞呈立方状或矮柱状，位于基膜上，排列紧密。细胞核椭圆着色深，细胞质弱嗜碱性。因此，易与基膜下淡红色的结缔组织相区别。

（三）结缔组织的显微结构观察与操作要求

1. 疏松结缔组织切片（结缔组织切片，活体注射台盼蓝，HE 染色及特殊的弹性纤维染色法复染）

工作程序	操作要求
低倍镜观察	可见纵横交错呈淡红色的胶原纤维和深紫色单根的弹性纤维，纤维间有许多散在的细胞。选择一薄而清晰的部位换高倍镜观察。
高倍镜观察	可以辨认以下几种纤维和细胞成分。 （1）胶原纤维。染成淡红色，数量多，为长短粗细均不等的纤维束，呈现波浪状且有分支，相互交织成网。 （2）弹性纤维。数量少，呈深紫色的发丝状，长而比较直，断端有卷曲。 （3）成纤维细胞。数量最多，细胞体大，具有多个突起的星形或多角形的细胞。由于细胞质染色极浅而细胞轮廓不清，只能根据细胞核较大，椭圆形，有 1~2 个明显的核仁等特点来判断。这些细胞多沿胶原纤维分布。另外，可见到一些椭圆形、较小且深染，核仁不明显的细胞核，此系功能不活跃的纤维细胞的细胞核。 （4）巨噬细胞。又称组织细胞，一般呈梭形或星形，最大的特征是细胞质内有许多被吞噬的台盼蓝颗粒。细胞核较小，椭圆形且染色较深，见不到核仁，可借助于细胞质中吞噬颗粒的存在来判断它的形状和大小。

2. 网状细胞（淋巴结切片，HE 染色）

工作程序	操作要求
低倍镜观察	找到淋巴结髓质，把细胞分布比较稀疏的部分（髓窦）置高倍镜下观察。

工作程序	操作要求
高倍镜观察	可见网状细胞较大，有数目不等的胞质突起，相邻网状细胞的突起可互相连接成网，细胞质和突起呈弱嗜碱性，细胞核圆形或椭圆形，着色浅。

3. 透明软骨（气管横切片，HE 染色）

工作程序	操作要求
低倍镜观察	找到透明软骨后，即可见到表面有嗜酸性的软骨膜，中央的基质着浅蓝紫色，其中散布着许多软骨细胞。
高倍镜观察	软骨膜由致密结缔组织构成，可见嗜酸性平行排列的胶原纤维束，束间夹有扁平的成纤维细胞。软骨细胞位于软骨陷窝内，边缘的软骨细胞小，呈扁平形或椭圆形，越靠近中央，细胞体积渐大变成卵圆形或圆形。生活状态下软骨细胞充满软骨陷窝，制片后因胞质收缩，软骨细胞与陷窝壁之间出现空隙。由于软骨细胞分裂增殖，一个陷窝内常可见到 2~4 个软骨细胞，称同源细胞群。软骨基质呈匀质凝胶状，埋于其中的胶原纤维不能分辨。在软骨陷窝周围的基质中含有较多的硫酸软骨素而呈强嗜碱性，称软骨囊。

4. 密质骨（骨干横磨片，原色）

工作程序	操作要求
低倍镜观察	由于是磨片，骨中的骨膜、骨细胞、血管及神经等已不存在，只留下骨板、骨陷窝及骨小管等结构。从外向内可见骨板，分为外、中、内三层。外层骨板较厚，内层骨板较薄，它们分别围绕骨表面和骨髓腔作环行排列，称外环骨板和内环骨板。中间层骨板最厚，有许多同心圆排列的骨板系统即哈佛氏系统（骨单位）。哈佛氏系统中央的深色管腔称哈佛氏管，周围环形的骨板是哈氏骨板。位于哈佛氏系统之间的一些呈不规则形状的骨板称骨间板。在上述各种骨板周围可见到浅色的分界线即黏合线。在骨板面成骨板内有许多深染的小窝为骨陷窝，其周围伸出的细管为骨小管。骨陷窝和骨小管是骨细胞及其突起存在的腔隙。另外，还有少数呈横行或斜行的管进穿，与内、外环骨板相通，并与哈佛氏管相通，称伏克曼氏管。

（四）血液的显微结构观察与操作要求 家畜血液涂片

工作程序	操作要求
低倍镜观察	可见到大量圆形而细小的红细胞。白细胞很少，稀疏地散布于红细胞之间，具有蓝紫色的细胞核。选白细胞较多的部位（一般在血膜边缘和血膜尾部，因体积大的细胞常在此出现），换油镜观察。
高倍镜观察	油镜下主要区别血液中各种有形成分。 　　（1）红细胞。数量最多，体积小而分布均匀，呈粉红色的圆盘状，边缘厚、着色较深，中央薄、着色较浅，无核、无细胞器，细胞质内充满血红蛋白。 　　（2）中性粒细胞。白细胞中数量较多的一种细胞，体积比红细胞大，主要的特征是细胞质中的特殊颗粒细小，分布均匀，着淡红色或浅紫色。细胞核着深紫红色，形态多样，有豆形、杆状（为幼稚型，细胞核细长，弯曲盘绕成马蹄形、"S"形、"W"形或"U"形等多种形态）或分叶状，一般分 3~5 叶或更多，叶间以染色质丝相连，各叶的大小、形状和排列各不相同。核分叶的多少与该细胞年龄有关。 　　（3）嗜酸粒细胞。比中性粒细胞略大，数量少，细胞核常分两叶，着蓝紫色。主要特点是胞质内充满粗大的嗜酸性特殊颗粒，色鲜红或橘红。马的嗜酸性颗粒粗大，晶莹透亮，呈圆形或椭圆形，其他家畜的嗜酸性颗粒较小。 　　（4）嗜碱粒细胞。数量很少，体积与嗜酸粒细胞相近或略小。主要特征是细胞质中含有大小不等，形状不一的嗜碱性特殊颗粒，颗粒着蓝紫色，常盖于细胞核上。细胞核呈"S"形或双叶状，着浅紫红色。此种白细胞由于数量极少，必须多观察一些视野方能观察到。 　　（5）淋巴细胞。有大、中、小3种类型，其中小淋巴细胞最多，血膜上很易见到，体积与红细胞相近或略大。核大而圆，几乎占据整个细胞，核一侧常见凹陷，染色质呈致密块状，着深蓝紫色。细胞质极少，仅在核的一侧出现一线状天蓝色或淡蓝色的细胞质，有时甚至完全不见。中淋巴细胞体积与中性粒细胞相近，形态与小淋巴细胞相似，但细胞质较多呈薄层围绕在核的周围。在核的凹陷处细胞质较多且透亮，偶见少量紫红色的嗜天青颗粒。大淋巴细胞在正常血液中不常见到，体积与单核细胞相近或略小，细胞核圆形着深蓝紫色，细胞质更多，呈天蓝色。围绕核周围的细胞质呈一淡染区。 　　（6）单核细胞。白细胞中体积最大的一种，细胞核呈肾形、马蹄形或不规则形，着色浅，染色质呈细网状。细胞质丰富，弱嗜碱性，呈灰蓝色，偶见细小紫红色的嗜天青颗粒。 　　（7）血小板。体积很小，常三五成群散布于红细胞之间，形态有圆形、椭圆形、星形或多角形的蓝紫色小体，中央着色深的是血小板的颗粒区，周边着色浅的是透明区。

工作程序	操作要求
注意事项	（1）因为在观察时，需要在载玻片上滴加香柏油，在转换镜头时，小心40×物镜被香柏油污染，如被污染应立即擦拭。 （2）在整个实验观察结束后，同样应用擦镜纸蘸取酒精对100×物镜进行擦拭。

（五）肌组织的显微结构观察与操作要求

1. 骨骼肌纵、横切（铁苏木素染色）

工作程序	操作要求
低倍镜观察	骨骼肌的纵切面上有许多平行排列着的圆柱状肌纤维，具有明暗相间的横纹，边缘有很多细胞核。横切面上可见肌纤维集聚成束，被切成许多圆形或多边形断面。无论纵切面或横切面的肌纤维周围都有疏松结缔组织包裹（肌内膜和肌束膜），结缔组织内含丰富的血管。
高倍镜观察	在高倍镜下找出一条横纹清晰的肌纤维，在肌纤维膜下分布着一些椭圆形的细胞核，可以见到核仁。肌纤维内含有顺长轴平行排列的肌原纤维，很多肌原纤维上的明带（I盘）和暗带（A盘）相间排列，就形成了横纹。仔细观察在暗带中有一淡染的窄带称H带，H带中央还有一细的M线。在一般光学显微镜下，M线不能见到。在明带中央有一条隐约可见的Z线（间线），相邻两条Z线之间的一段肌原纤维，即为一个肌节。 肌纤维的横切面上可见肌原纤维被切成点状或短杆状（斜切），有的均匀分布，有的则被肌浆分别成一个个小区。在横切面上还可以见到少量位于周边的圆形细胞核。

2. 心肌（心肌切片，HE染色）

工作程序	操作要求
低倍镜观察	由于心肌纤维呈螺旋状排列，故在切面中可同时观察到心肌纤维的纵切、斜切或横切面，各心肌纤维之间由结缔组织相连并含有丰富的血管。

工作程序	操作要求
高倍镜观察	先观察纵切的心肌纤维,细胞呈短柱状,平行排列,并以较细而短的分支与邻近的肌纤维相吻合,互连成网状。胞核椭圆形,位于细胞中央,注意核周围由于肌浆较多而呈淡染区。心肌纤维亦可见明暗相间的横纹,但不如骨骼肌明显。 　　心肌横切面呈大小不等的圆形或椭圆形切面,心肌无骨骼肌那样结构典型的肌原纤维,并呈放射状分布于肌纤维周边,中间有一圆形细胞核,细胞核周围清亮,但很多切面未能切到细胞核。

3. 平滑肌(小肠横切片,HE 染色)

工作程序	操作要求
低倍镜观察	从小肠的腔面向外观察,依次是黏膜层、黏膜下层(淡红色)、肌层(深红色)和浆膜。肌层发达,由平滑肌纤维呈内环行、外纵行排列,内环肌呈纵切,外纵肌呈横切。
高倍镜观察	纵切的平滑肌纤维呈细长纺锤形,彼此嵌合紧密排列,胞核为长椭圆形,位于肌纤维中央,若见到扭曲的细胞核,是由于平滑肌收缩所引起。细胞质嗜酸性,呈均质状,不具横纹。横切的肌纤维呈大小不等的圆形切面,较大的切面上见到圆形的细胞核,偏离肌纤维中部的切面均较小而无核。

(六)神经组织的显微结构观察与操作要求

1. 多极神经元(脊髓横切片,HE 染色)

工作程序	操作要求
低倍镜观察	先观察脊髓全貌,找到脊髓中央管,把灰质置视野中心,可见在灰质中有成群或单个呈蓝色、大小不等、形态各异的多极神经元,位于腹角的神经元多而大。选择一个大而突起多,细胞核清晰的神经元换高倍镜观察。
高倍镜观察	神经元呈星状,由胞体(核周体)和胞突构成。 (1)胞体。中央有一个大而圆,着色很淡的细胞核,核与核仁均很清晰,染色质呈细颗粒状。细胞质中分布着许多深蓝色、大小不等的块状物即尼氏体。在 HE 的切片上尼氏体不甚清楚,呈淡紫红色。胞体内还有许多细丝状的神经元纤维,用镀银法可显示,见示教片。

工作程序	操作要求
高倍镜观察	（2）胞突。有树突和轴突两种，突起的数目与切面有关。胞突的起始部较粗，含有尼氏体的是树突，数目较多。不含尼氏体的是轴突，起始部称轴丘。轴突只有一个，因切面关系不易呈现，需多观察几个神经元，方能见到。胞突内均有神经原纤维伸入。 在神经元的周围还可见到许多被切断的神经纤维和一些神经胶质细胞的细胞核。主要是星形胶质细胞和小胶质细胞的核。

【考核评价】

评价类别	项目	子项目	个人评价	组内互评	教师评价
专业能力（60%）	资讯（5%）	收集信息（3%）			
		引导问题回答（2%）			
	计划（5%）	计划可执行度（3%）			
		设备材料工具、量具安排（2%）			
	实施（25%）	工作步骤执行（5%）			
		功能实现（5%）			
		质量管理（5%）			
		安全保护（5%）			
		环境保护（5%）			
	检查（5%）	全面性、准确性（3%）			
		异常情况排除（2%）			
	过程（5%）	使用工具、量具规范性（3%）			
		操作过程规范性（2%）			
	结果（10%）	结果质量（10%）			
	实验报告（5%）	完成质量（5%）			
社会能力（20%）	团结协作（10%）	小组成员合作良好（5%）			
		对小组的贡献（5%）			

评价类别	项目	子项目	个人评价	组内互评	教师评价
社会能力（20%）	敬业精神（10%）	学习纪律性（5%）			
		爱岗敬业、吃苦耐劳精神（5%）			
方法能力（20%）	计划能力（10%）	考虑全面（5%）			
		细致有序（5%）			
	实施能力（10%）	方法正确（5%）			
		选择合理（5%）			
评价评语	评语： 　　组长签字：　　　　　　教师签字： 　　　　　　　　　　　　　　　　　年　　月　　日				

【思考题】

（1）细胞的形态结构是怎样与功能相适应的？

（2）总结各种被覆上皮的结构特点及分布。

（3）在组织切片上，可以根据那些形态结构特征确认上皮组织？

（4）复层扁平上皮和变移上皮在形态结构和功能上有什么不同？

（5）比较上皮组织和结缔组织的结构特点。

（6）疏松结缔组织中有哪几种细胞和纤维？

（7）3种软骨的组织结构有什么不同？

（8）比较哺乳动物和禽类红细胞的形态结构特点。

（9）比较哺乳动物和禽类各种白细胞的结构特点。

（10）试述肌组织的基本结构特点。

（11）如何在光学显微镜下分辨3种肌组织？

（12）简述尼氏体的分布位置。

任务二　消化系统的显微观察

【任务目标】

（1）通过观察食管横切片、胃底部切片、空肠切片掌握消化管壁的4层结构特点。

（2）通过观察肝脏切片、胰腺切片掌握消化腺的形态结构特点。

【任务描述】

1. 工作任务

（1）观察食管横切片、胃底部切片、空肠切片。

（2）观察肝脏切片、胰腺切片。

2. 主要工作内容

（1）掌握消化管壁 4 层结构特点。

（2）掌握消化腺的形态结构特点。

【任务要求】

1. 知识技能要求

（1）能够掌握消化管各段的黏膜、黏膜下层、肌层及外膜的特点。

（2）能够区分肝脏门管区的详细结构。

2. 实习安全要求

在进行切片观察时，要严格按照规定进行操作，注意安全，防止被玻片划伤。

3. 职业行为要求

（1）实验材料要准备充足。

（2）实习服装要着装整齐。

（3）遵守课堂纪律。

【训练材料】

光学显微镜、食管横切片、胃底部切片、空肠切片、肝脏切片、胰腺切片。

【操作训练】

（一）消化管的显微结构观察与操作要求

1. 食管（食管横切，HE 染色）

工作程序	操作要求
低倍镜观察	找到食管腔，可见黏膜向管腔突入，形成多个纵行皱襞。从腔面向外观察管壁，分辨黏膜层、黏膜下层、肌层和外膜（观察时注意各层的形态、结构、染色性和厚度）。
高倍镜观察	高倍镜下逐层观察各层的微细结构。 　　（1）黏膜层。位于管壁内层，衬于腔面的上皮为复层扁平上皮，很厚。注意有的部位表层细胞无核，发生轻度角化。上皮深面的疏松结缔组织是固有层，其浅层组织与上皮层互相交错，黏膜肌层较薄，位于固有层的深面，由一些纵行的平滑肌纤维素构成。

111

工作程序	操作要求
高倍镜观察	（2）黏膜下层。为疏松结缔组织，内有较大的血管和成群的混合腺即食管腺。偶见腺的导管穿过固有层，开口于黏膜表面。 （3）肌层。很厚，着深紫红色。犬食管肌层由横纹肌组成，分内、外两层，内层厚为环肌层，外层薄为纵肌层。两肌层间可见副交感神经系的神经节（肠肌丛），内有副交感神经节后神经元的胞体。 （4）外膜。管壁最外层，由结缔组织构成的纤维膜。

2. 胃（胃底部切片，HE 染色）

工作程序	操作要求
低倍镜观察	从黏膜面向外分辨胃壁四层结构，注意黏膜层中的胃小凹和胃底腺的形态结构，肌层与食管对照要注意肌纤维的种类和排列。
高倍镜观察	高倍镜观察胃底部各层的微细构造。 （1）黏膜层。很厚着紫红色。 　　黏膜上皮为单层柱状上皮，上皮细胞呈高柱状，细胞顶部由于黏原颗粒不着色而呈空泡状。细胞核椭圆形，位于细胞基部，黏膜表面有许多深、浅不一的凹陷即胃小凹，是胃底腺的开口。 　　固有层位于上皮深面，由疏松结缔组织构成。由于固有层中存在着大量平行排列的胃底腺，因此，结缔组织仅见于相邻两条胃底腺间（呈纵行排列）。结缔组织内还可见到胞核呈长杆状的单个平滑肌纤维，淋巴细胞和浆细胞等。 　　胃底腺为单管状腺或分支管状腺。腺分颈、体和底三部分，颈部与胃小凹通连，底部靠近黏膜肌层。由于切面不同，胃底腺被切成长管状、椭圆形和团形等形态。胃底腺的腺细胞，在 HE 染色的标本上仅能见到主细胞、壁细胞和颈黏液细胞。内分泌细胞用镀银法可显示。 　　主细胞（泌酶细胞）数目较多，可见于腺体部和底部，细胞呈柱状，细胞核圆形，位于细胞基部，细胞质弱嗜碱性。 　　壁细胞（泌酸细胞）比主细胞大，细胞体呈锥状或多面形，单个或成群镶嵌于主细胞之间，在腺颈部和体部较多，细胞质强嗜酸性。 　　颈黏液细胞多数动物仅见于腺颈部，但在猪和犬的腺底部和体部也存在，细胞形状呈柱状或不规则形，细胞核扁平或不规则形，位于细胞基部，细胞质弱嗜碱性。 （2）黏膜肌层。位于胃底腺底部的深面，很薄，由内环行和外纵行的平滑肌构成。

工作程序	操作要求
高倍镜观察	（3）黏膜下层为疏松结缔组织，着淡红色，内有较大的血管。 （4）肌层。很厚，大致呈内斜、中环和外纵 3 层，有的部位仅见内环行、外纵行 2 层。 （5）浆膜。由一薄层疏松结缔组织和外表面的间皮构成。

3. 小肠（空肠切片，HE 染色）

工作程序	操作要求
低倍镜观察	移动标本，分辨肠壁的 4 层结构。观察时注意黏膜层的皱襞、绒毛和肠腺等结构。
高倍镜观察	高倍镜下重点观察黏膜层的微细结构。 （1）黏膜层。小肠的黏膜层形成两种重要结构，一种是肠绒毛，另一种是肠腺。 绒毛为黏膜上皮与固有层结缔组织伸向肠腔的指状突起。由于切面关系，绒毛在切片上长短不一，被切成纵、横和斜等各种切面。绒毛表面是单层柱状上皮，其间夹杂杯状细胞，上皮的游离面有纹状缘。绒毛的轴芯是固有层的结缔组织，其中央有一纵行的乳糜管，管壁由内皮围成。 肠腺位于固有层内，由黏膜上皮下陷形成的单管状腺。 肠腺也被切成纵、横、斜等各种切面，腺上皮细胞在 HE 染色的标本上只能分辨出柱状细胞和杯状细胞，用镀银法还能见到内分泌细胞。有的动物如马、牛、羊在腺体底部还可见到细胞内充满红色颗粒的潘氏细胞。肠腺开口于相邻两根绒毛底部之间的肠腔。肠腺之间的结缔组织中有淋巴组织，有时还见有孤立淋巴小结、浆细胞、白细胞等。黏膜肌层位于固有层深面，很薄，由内环、外纵的平滑肌构成。 （2）黏膜下层。为疏松结缔组织，内有较大的血管和淋巴管等。注意一些部位的黏膜下层与黏膜层一起突向肠腔，形成皱襞。 （3）肌层。为内环、外纵的平滑肌。内环肌层厚，外纵肌层薄。两肌层间有肠肌丛，内有较大的副交感神经的节后神经元。 （4）浆膜。很薄，由少量结缔组织和间皮构成。

（二）消化腺的显微结构观察与操作要求

1. 肝脏（肝脏切片，HE 染色）

工作程序	操作要求
低倍镜观察	肝脏表面有浆膜，其深面有致密结缔组织的纤维囊。结缔组织深入肝实质将其分隔成许多多角形的肝小叶。猪肝小叶间结缔组织多，肝小叶清晰，牛、羊、兔等小叶间结缔组织少，肝小叶分界不明显。相邻几个肝小叶之间结缔组织较多，为门管区或汇管区，内有小叶间动脉、小叶间静脉和小叶间胆管。
高倍镜观察	高倍镜观察肝小叶和门管区的微细结构。 （1）肝小叶。①中央静脉。位于肝小叶的中央，少数肝小叶由于切面关系，未显示出中央静脉。中央静脉主要由内皮围成，注意内皮细胞扁平而深染的细胞核突向管腔。中央静脉与肝血窦相通连。管腔中可见到血细胞或缺失。②肝细胞索。在横切面上由单行肝细胞连接而成，以中央静脉为中心，向周围呈放射状排列。肝细胞索分支可彼此连成不规则的网。肝细胞较大，呈多边形，细胞质呈细颗粒状，胞核大而圆，着色浅，偶见双核。③肝血窦（窦状隙）。位于相邻两条肝细胞索之间，或肝细胞索围成的网孔内。窦腔大小不等，窦壁由内皮围成，内皮细胞紧贴肝细胞。窦腔中可见到体积较大的星状细胞即枯否氏细胞（Kupffer's Cell），及少量血细胞。胆小管和窦周间隙（狄氏间隙），HE 染色法的标本不易分辨。 （2）门管区。移动标本至门管区，分辨小叶间动脉、小叶间静脉和小叶间胆管。①小叶间动脉。为小动脉结构，管腔小、管壁厚，内皮外可见到多层环行的平滑肌纤维。②小叶间静脉。为小静脉结构，管腔大、管壁薄，内皮外有少量结缔组织。腔内常有血细胞。③小叶间胆管。由立方或柱状上皮围成，细胞核圆形或椭圆形，由于细胞核大、着色深，故呈蓝色外观。有时，在这些管道的近旁，还见到管壁比小叶间静脉更薄的小叶间淋巴管。

2. 胰腺（胰腺切片，重铬酸钾固定，HE 染色）

工作程序	操作要求
低倍镜观察	分辨构成胰腺的两个主要组成部分。着深紫红色部分为胰腺外分泌部的腺泡，分散在腺泡之间，呈淡红色、大小不等的细胞团，为胰脏的内分泌部，即胰岛。

工作程序	操作要求
高倍镜观察	高倍镜下分别观察二者的微细结构。 （1）外分泌部。腺泡呈泡状、管状。每个腺泡由数个锥状的腺细胞围成，中央有狭窄的腺腔。腺细胞经重铬酸钾固定，HE染色后，细胞顶部的酶原颗粒着鲜红色，而细胞基部由于含有大量粗面内质网而着蓝紫色。注意观察腺泡腔壁存在椭圆形或圆形的泡心细胞核。在腺泡周围的结缔组织中，还可见到由立方上皮和柱状上皮围成的闰管和小叶内导管。 （2）内分泌部。由内分泌细胞团构成胰岛。在HE染色的标本上，只见其由大小和形状不一的细胞核和细胞质弱嗜酸性的细胞团构成，无法辨认胰岛的细胞类型。胰岛细胞排列成不规则的索，索间有毛细血管。

【考核评价】

评价类别	项目	子项目	个人评价	组内互评	教师评价
专业能力（60%）	资讯（5%）	收集信息（3%）			
		引导问题回答（2%）			
	计划（5%）	计划可执行度（3%）			
		设备材料工具、量具安排（2%）			
	实施（25%）	工作步骤执行（5%）			
		功能实现（5%）			
		质量管理（5%）			
		安全保护（5%）			
		环境保护（5%）			
	检查（5%）	全面性、准确性（3%）			
		异常情况排除（2%）			
	过程（5%）	使用工具、量具规范性（3%）			
		操作过程规范性（2%）			
	结果（10%）	结果质量（10%）			
	实验报告（5%）	完成质量（5%）			
社会能力（20%）	团结协作（10%）	小组成员合作良好（5%）			
		对小组的贡献（5%）			

评价类别	项目	子项目	个人评价	组内互评	教师评价
社会能力 (20%)	敬业精神 (10%)	学习纪律性 (5%)			
		爱岗敬业、吃苦耐劳精神 (5%)			
方法能力 (20%)	计划能力 (10%)	考虑全面 (5%)			
		细致有序 (5%)			
	实施能力 (10%)	方法正确 (5%)			
		选择合理 (5%)			
评价评语	评语: 组长签字:　　　　　　　教师签字: 　　　　　　　　　　　　　年　　月　　日				

【思考题】

（1）如何在光学显微镜下分辨胃、小肠各段及大肠？

（2）从胃底腺的细胞类型和结构特点讨论各种细胞的功能。

（3）从小肠的光学显微镜和电子显微镜的结构特点讨论小肠的消化吸收功能。

（4）简述肝组织结构和其功能的关系。

任务三　呼吸、泌尿、神经、被皮系统的显微观察

【任务目标】

（1）通过观察气管切片、肺切片掌握呼吸系统的形态学特征。

（2）通过观察肾切片、膀胱切片掌握肾的组织结构特点，进一步了解肾形成尿液的原理，并了解膀胱随尿液的充盈与否的上皮变化情况。

（3）通过观察脊髓横切片、小脑切片、脊神经节切片对神经系统的细胞形态和功能有一定了解。

（4）通过观察皮肤切片、乳腺切片掌握皮肤包括表皮和真皮的组成特点。

【任务描述】

1. 工作任务

（1）观察气管切片、肺切片。

（2）观察肾切片、膀胱切片。

（3）观察脊髓横切片、小脑切片、脊神经节切片。

（4）观察皮肤切片、乳腺切片。

2. 主要工作内容

（1）掌握呼吸系统导气部和呼吸部上皮、管径、管壁结构的变化。

（2）掌握泌尿系统肾、膀胱的组织结构特点。

（3）掌握脊髓、小脑的形态特点。

（4）掌握皮肤表皮的分层及每层的结构特点。

【任务要求】

1. 知识技能要求

（1）能够熟练辨认呼吸系统导气部、呼吸部各段的管壁结构特点。

（2）能够辨认肾脏组织切片中肾小体、近曲小管（近端小管曲部）、远曲小管（远端小管曲部）、致密斑、集合管等结构。

（3）能够分清小脑皮质的分子层、浦金野氏细胞（节细胞）层、颗粒层，并掌握每层的细胞组成特点。

（4）能够辨认皮肤表皮4层结构。

2. 实习安全要求

在进行切片观察时，要严格按照规定进行操作，注意安全，防止玻片划伤。

3. 职业行为要求

（1）实验材料要准备充足。

（2）实习服装要着装整齐。

（3）遵守课堂纪律。

【训练材料】

光学显微镜气管切片、肺脏切片、肾脏切片、膀胱切片、脊髓横切片、小脑切片、脊神经节切片、皮肤切片、乳腺切片。

【操作训练】

（一）呼吸系统的显微观察与操作要求

1. 气管（气管切片，HE染色）

工作程序	操作要求
低倍镜观察	从内向外观察气管壁，分辨黏膜层、黏膜下层和外膜。

工作程序	操作要求
高倍镜观察	高倍镜观察其微细构造。 （1）黏膜层。①上皮。位于腔面着深紫红色部分，为假复层柱状纤毛上皮，上皮间夹有许多杯状细胞。注意上皮的腔面有较长的纤毛及其基底面着色较深的基膜。②固有层。位于上皮深面的结缔组织，较薄，纤维排列较致密。内含许多粗大、亮红色、呈纵行排列的弹性纤维。并在固有层深面形成弹性纤维膜。黏膜肌层缺失。 （2）黏膜下层。为固有层深面的疏松结缔组织，它与固有层间无明显分界线。黏膜下层有成群的混合腺即气管腺和较大的血管。偶见气管腺的导管通过固有层开口于上皮表面。 （3）外膜。由淡紫红色或淡蓝色的透明软骨环和其周围的致密结缔组织构成。在软骨环缺口处内侧可见到深紫红色的平滑肌纤维束。

2. 肺（肺切片，HE 染色）

工作程序	操作要求
低倍镜观察	肺表面有浆膜和富含弹性纤维（切面上呈亮红色）的致密结缔组织，它伸入肺内把肺实质分隔成许多肺小叶，在肺小叶内可见到管腔大小不等的导管切面和大量囊泡状的肺泡。先根据管腔的大小，管壁结构的厚薄，区分出肺内支气管、细支气管、终末细支气管等各级导管和呼吸部。
高倍镜观察	高倍镜逐个观察微细结构。 （1）肺内支气管。管腔较大，管壁较厚，腔面较平，皱襞少。黏膜上皮为假复层柱状纤毛上皮（注意腔面有纤毛）。上皮间夹有较多杯状细胞，固有膜深面有分散的平滑肌纤维束。黏膜下层有较多的混合腺。外膜的结缔组织中有较多且较大的透明软骨片。注意随着支气管的分支，管腔由大变小，管壁结构由厚变薄，腺体由多变少和软骨片由大块变小块，最后消失。肺动脉位于支气管一侧，随支气管分支而分支，直达肺泡。 （2）细支气管。管腔较小，管壁较薄。黏膜层向管腔突出形成多个皱襞，故腔面呈星状。黏膜上皮为假复层柱状纤毛上皮或单层柱状纤毛上皮，杯状细胞极少或缺少。固有膜很薄，其深面的平滑肌纤维束增多，形成完整的环肌层。腺体和软骨均消失。 （3）终末细支气管。管腔更小，管壁更薄。腔面有少量皱襞或缺如，上皮为单层柱状上皮或立方上皮，缺纤毛及杯状细胞，平滑肌层薄而完整。

工作程序	操作要求
高倍镜观察	（4）呼吸性细支气管。直接与肺泡管通连，但管壁不完整，见有少量肺泡开口，由单层柱状或立方上皮构成。上皮外面有少量结缔组织和很薄的平滑肌层。 （5）肺泡管。肺泡管无完整的管壁，系由多个肺泡圈成，在相邻肺泡开口处，立方上皮成扁平上皮外而有较多的结缔组织和少量的平滑肌，故呈结节状膨大，可视为肺泡管的管壁。 （6）肺泡囊。多个肺泡共同的通道，是部位名称。 （7）肺泡。在切面上为大、小不等，呈空泡状的薄壁囊泡，一面开口于肺泡管、肺泡囊或呼吸性细支气管，另一侧与肺泡膈或与邻近肺泡接触。肺泡壁由扁平细胞和立方细胞（分泌细胞）围成，相邻两肺泡间有极少量结缔组织和毛细血管构成的肺泡膈，这些结构在切面上不易分辨。在肺泡腔内偶见细胞形状不规则，细胞质中含有黑色灰尘颗粒的尘细胞。

（二）泌尿系统的显微观察与操作要求

1. 肾（肾纵切片，HE 染色）

工作程序	操作要求
低倍镜观察	分辨出表面的被膜，被膜深层的皮质和髓质。皮质很厚，染色红，内有许多圆球状的肾小体和其周围的肾小管切面。髓质在皮质的深层，染色淡红，其中只有祥部的肾小管和集合管。
高倍镜观察	高倍镜观察各部分的微细结构。 （1）被膜。为肾表面的致密结缔组织膜，内夹杂有少量平滑肌纤维。 （2）皮质。位于被膜的深面，主要由肾小体和大量染色深浅不同的肾小管切面构成。①肾小体。呈圆球状，分散存在于肾小管切面之间。肾小体中央是血管球，由一团毛细血管和分布其间的球内系膜细胞，及包在毛细血管外面的肾小囊内层。即足细胞等构成。血管球的外面是空隙状的肾小囊的囊腔（活体时充满原尿）和肾小囊外层的单层扁平上皮。②近曲小管（近端小管曲部）。为肾小管起始部，偶见它与肾小囊外层的单层扁平上皮相连续。近曲小管位于肾小体附近，由于管径较粗，长且弯曲，故切面较多。管壁上皮呈锥状或立方状，细胞界限不清，细胞质强嗜酸性，上皮细胞的腔面有一层红色的线状物，即刷状缘，管腔小而不规则、细胞核圆形或椭圆形，位于细胞基底部。注意，动物死后，刷状缘即分解，若标本固定不及时，则不易见到。③远曲小管（远端小管曲部）。位于肾小体附近，切面比近曲小管少。管腔比近曲小管大，管壁上皮为立方上皮，细胞界限较清楚，细胞核圆形，

工作程序	操作要求
高倍镜观察	位于细胞中央，细胞质弱嗜酸性。④致密斑。为肾小球旁器的一种。位于肾小体入球小动脉和出球小动脉之间、远曲小管近肾小体一侧的管壁上。致密斑的上皮细胞呈高柱状，细胞核椭圆形，深染且密集，形成突向管腔的盆状区。 （3）髓质。位于皮质深层，与皮质没有明显的分界线（有时在皮质与髓质交界处见有两个较大的血管，即弓形动脉和静脉）。髓质主要由大量纵行的肾小管（包括近端小管直部、髓袢的细段和粗段）和集合管构成。①近端小管直部。见于髓质浅部（即皮质与髓质交界处），其管壁上皮的结构和染色性与近曲小管相似，只是上皮细胞略低，胞质各种结构不如曲部发达。②髓袢细段（降支）。髓质深部特别多，由单层扁平上皮围成，管径细、管腔小，管壁薄，胞核扁椭圆形，并向腔面突出，注意区别髓袢细段和毛细血管的结构。毛细血管内皮比细段的单层扁平上皮更薄，故胞核向腔面突出更明显；毛细血管的管腔内常有血细胞，而细段则缺血细胞。③髓袢粗段（升支）。常见于髓质浅部，管径较粗，由立方上皮围成。细胞质嗜酸性，但着色比近端小管直部浅，胞核圆形，位于细胞中央或近腔面，集合管很长，从皮质延伸到髓质，上皮细胞由立方状转变为高柱状，胞质清晰，界限清楚。细胞核圆形，位于细胞基部。集合管在肾乳头开口处变为乳头管。其上皮为变移上皮。此外，在皮质和髓质的肾小管之间还见到少量间质（结缔组织和血管）。

2. 膀胱（膀胱收缩期切片，HE 染色）

工作程序	操作要求
低倍镜观察	由内到外观察膀胱壁结构，分辨出黏膜层、肌层和浆膜（或外膜）。
高倍镜观察	高倍镜逐层观察其微细结构。 （1）黏膜层。管壁最内层。①上皮。为变移上皮，细胞 4~7 层不等，表层细胞大，胞核圆形，位于中央，偶见双核。②固有层。为较致密的结缔组织，与上皮一起突向管腔形成大小不等的皱襞。 （2）肌层。较厚，为平滑肌，但层次不大规则。有的部位显示内、外层为纵行肌，中间夹有环形肌层。有的部位仅有内环肌层和外纵肌层。 （3）外膜或浆膜。膀胱顶和膀胱体为浆膜，而膀胱颈为外膜。

（三）神经系统的显微观察与操作要求

1. 脊髓（腰部脊髓横切面，HE 染色）

工作程序	操作要求
低倍镜观察	移动标本观察脊髓全貌，外表而包有薄层结缔组织即脊软膜。脊髓背侧有背正中隔，腹侧有一深沟为腹正中沟。脊髓中央是灰质，其尖细的角为背角（背灰柱）。钝而宽大的角为腹角（腹灰柱），在胸腰部脊髓，背角与腹角之间还有外侧角。脊髓中央的小孔是脊髓中央管，由室管膜上皮围成。
高倍镜观察	在脊髓灰质可见到背角有胞体较小的多极神经元，即中间神经元。腹角有许多胞体较大的多极运动神经元。外侧角有植物性神经的节前神经元的胞体。在神经元之间还有神经胶质细胞和无髓神经纤维。白质位于灰质周围，主要由粗细不等的有髓神经纤维横切面和散布于其间的神经胶质细胞构成。由于 HE 染色不能显示神经胶质细胞的形态，仅见到形态和大小各异的细胞核，如核较大、圆形或椭圆形的星状细胞核，细胞核较小呈圆形的少突胶质细胞核，细胞核小而浓染、卵圆形或三角形的小胶质细胞核等。

2. 小脑（小脑切片，HE 染色）

工作程序	操作要求
低倍镜观察	区分小脑的脑软膜、皮质和髓质。
高倍镜观察	观察皮质和髓质。 （1）小脑皮质。依次观察下列各层。①分子层。位于脑软膜的深面，很厚、着淡红色，内有大量淡红色的无髓神经纤维纵切面（主要是浦金野氏细胞的树突）、少量神经细胞和神经胶质细胞的核。②浦金野氏细胞（节细胞）层。由一层胞体呈梨状，大而不连续的浦金野氏细胞构成，其胞体顶端的主树突伸入分子层，轴突穿过颗粒层进入髓质。③颗粒层。紧靠浦金野氏细层，较厚，由大量胞体较小的颗粒细胞和少量胞体较大的高尔基Ⅱ型细胞构成。由于细胞小且排列紧密，细胞轮廓不易分辨，仅见大量圆形或椭圆形嗜碱性的细胞核，似密集的颗粒而得名。细胞核之间深红色的块状物，即小脑小球。 （2）小脑髓质（白质）。在颗粒层深面，由许多纵行排列的有髓神经纤维和神经胶质细胞构成。有髓神经纤维的髓鞘已在制片过程中被脂溶剂溶去，仅见到神经纤维中央着红色的轴索和其两侧的神经角蛋白网及神经膜。

3. 脊神经节（脊神经节切片，HE 染色）

工作程序	操作要求
低倍镜观察	脊神经节纵切面呈椭圆形，着紫红色，外表面有致密结缔组织被膜，并伸入节内分布于神经节细胞和神经纤维之间。节内的假单极神经元成群分布于神经纤维束之间。选择结构清晰的神经细胞群，转换高倍镜观察。
高倍镜观察	脊神经节细胞的胞体切面多呈圆形，大小不等，胞质嗜酸性，尼氏体呈细颗粒状，胞核大而圆。偶见胞体一侧有一个淡红色的胞突起始部。围绕胞体外周的一层扁平或立方状细胞即卫星细胞。在细胞群之间可见到大量神经纤维的纵切面，其中主要是有髓神经纤维，无髓神经纤维很少。

（四）被皮系统的显微观察与操作要求

1. 有毛皮肤（皮肤切片，HE 染色）

工作程序	操作要求
低倍镜观察	由表及里区别表皮、真皮及皮下组织三层结构，注意各层的厚度、着色深浅和结构的差异。表皮和真皮交界处，两层组织交错镶嵌。随后在真皮中找到呈圆柱状的毛及毛周边的皮脂腺、汗腺和竖毛肌。
高倍镜观察	（1）表皮。为角化的复层扁平上皮，由表及里可分为 4 层。①角质层。着色较红，由多层扁平、无细胞核、已经死亡的角质化的细胞构成。②颗粒层。位于角质层的深面，由 2~3 层扁平的梭形细胞构成。该梭形细胞内含有粗大、深蓝紫色的透明角质颗粒。角质层和颗粒层之间缺透明层。③棘细胞层。位于颗粒层的深面，有多层细胞，细胞较大呈多角形，细胞核大而圆，着色浅。④基底层。为表皮最深层，由一层排列整齐的圆柱状或立方状细胞构成。胞核椭圆形或圆形，着色深，细胞质少呈弱碱性。 （2）真皮。位于表皮的深面，由致密结缔组织构成，又分为表层的乳头层和深层的网状层。乳头层染色较浅，纤维较细密，内含丰富的血管。注意乳头层与表皮层彼此凹凸嵌合呈波纹状。网状层染色较深，该层胶原纤维束粗大，彼此交织成网，还可见到斜向排列的毛及毛囊，皮脂腺、汗腺和其导管。 （3）皮下结缔组织。该层较厚，结构疏松，内有大量脂肪细胞。

工作程序	操作要求
高倍镜观察	（4）皮肤衍生物。①毛与毛囊。切片上的毛呈黄色，它的纵切面呈长圆柱状。露于皮肤外的部分为毛干，埋于皮肤内的部分为毛根，毛根外包有深色的毛囊。毛根及毛囊末端膨大部为毛球，其底部内凹，嵌入的结缔组织为毛乳头，内有丰富的血管和神经。毛中央呈红色的部分为髓质，周围淡黄色部分为皮质，皮质边缘淡红色的薄层结构为毛小皮。毛囊包在毛根的外面，由内面的毛根鞘（多层上皮细胞）和外面的结缔组织鞘构成。②竖毛肌。位于毛的一侧，为一束斜行的平滑肌，呈红色，它的一端连于毛囊的结缔组织，另一端终止于真皮浅部。由于切面的关系，在有的切面上仅见到毛囊，缺竖毛肌，或只见到竖毛肌而不见毛囊。③皮脂腺。为分支的泡状腺，位于毛囊与竖毛肌之间。腺体由分泌部和导管部构成。分泌部近基膜的细胞较小，着色深，有增值能力。靠中央的细胞大多呈多角形，胞质中央由于脂滴被溶解而呈空泡状。腺腔狭窄，导管很短，开口于毛囊。④汗腺。为单管状腺，由分泌部和导管部构成。分泌部的管腔较大（牛、羊更大呈囊状）。腺上皮细胞呈矮柱状或立方状。细胞底部于基膜之间有深染的肌上皮细胞，其核呈长杆状。由于腺体分泌部盘曲呈团状，故在切片上见到汗腺成群分布在真皮深部，有时可伸至皮下结缔组织内，导管管腔窄，由两层立方状细胞围成，开口于毛囊或穿过表皮开口于体表。

2. 乳腺（哺乳期乳腺切片，HE 染色）

工作程序	操作要求
低倍镜观察	可见到腺实质被结缔组织分割成许多大小不等的腺小叶。每个腺小叶内有很多被切成圆形或椭圆形的腺泡切面。腺泡排列紧密，腺泡间结缔组织很少。转换高倍镜观察腺泡结构。
高倍镜观察	（1）腺泡。由单层腺上皮细胞围成。腺上皮细胞的形态可因分泌周期的不同而有变化，有的呈高柱状，细胞顶部充满分泌物，有的则呈立方状或扁平状。胞核椭圆形或圆形，位于细胞基部。腺泡腔较大，有的含有淡红色的乳汁。腺上皮细胞与基膜之间也有肌上皮细胞。 （2）导管。小叶内导管管壁由立方上皮细胞围成。小叶间导管的管壁由立方或柱状上皮围成，管腔较大。

【考核评价】

评价类别	项目	子项目	个人评价	组内互评	教师评价
专业能力（60%）	资讯（5%）	收集信息（3%）			
		引导问题回答（2%）			
	计划（5%）	计划可执行度（3%）			
		设备材料工具、量具安排（2%）			
	实施（25%）	工作步骤执行（5%）			
		功能实现（5%）			
		质量管理（5%）			
		安全保护（5%）			
		环境保护（5%）			
	检查（5%）	全面性、准确性（3%）			
		异常情况排除（2%）			
	过程（5%）	使用工具、量具规范性（3%）			
		操作过程规范性（2%）			
	结果（10%）	结果质量（10%）			
	实验报告（5%）	完成质量（5%）			
社会能力（20%）	团结协作（10%）	小组成员合作良好（5%）			
		对小组的贡献（5%）			
	敬业精神（10%）	学习纪律性（5%）			
		爱岗敬业、吃苦耐劳精神（5%）			

评价类别	项目	子项目	个人评价	组内互评	教师评价
方法能力（20%）	计划能力（10%）	考虑全面（5%）			
		细致有序（5%）			
	实施能力（10%）	方法正确（5%）			
		选择合理（5%）			
评价评语	评语： 　　　　　组长签字：　　　　教师签字： 　　　　　　　　　　　　　　　　年　　月　　日				

【思考题】

（1）如何在光学显微镜下辨别小支气管、细支气管、呼吸性细支气管、肺泡管和肺泡囊？

（2）简述肺内各级支气管壁的变化规律。

（3）肾单位由哪些结构组成？

（4）简述肾小体结构和原尿形成的关系。

（5）简述光学显微镜下如何分辨近曲小管和远曲小管。

（6）排尿管道有哪些共同的特点？

（7）简述小脑皮质的组织结构。

（8）怎样在光学显微镜下区分结缔组织鞘和毛根鞘？

（9）从表皮各层组织结构讨论表皮角化的过程。

（10）简述光学显微镜下怎样区别皮脂腺和汗腺。

项目三　动物机能学实验

一、项目定位与性质

动物机能学实验是一门专业基础技能课程。自 20 世纪 80 年代以来，我国许多医药学院校将生理学、生物化学两门课程的实验课合二为一，称动物机能学实验，这有效地避免了实验项目的冗余和资源重复，有利于学生跨学科思维的培养。人们对疾病的认识和治疗首先要从理解机体正常的生理功能开始，然后了解疾病的病理生理机制，继之研究药物的作用及其作用机制。例如，人们首先认识了心脏的生理功能，随后了解了心功能衰竭的病理生理学规律，继而又发现了洋地黄类药物对心脏的作用及作用机制。实验机能学的目的就是通过对人或动物生理现象的观察、动物病理生理模型的制备和药物救治，以及实验过程中各种生命现象的观察、分析与处理等，更加科学、深入地理解机体正常生理功能，疾病的发生、发展、转化规律和药物治疗原则，为进一步学习其他医学课程提供理论和实验依据。同时，实验机能学也可培养同学们独立提出问题、分析问题和解决问题的能力，使大家的自主学习能力、创新思维能力和终身学习能力得以训练和提高。

本课程教学过程中，可课堂讲授内容与学生自学相结合，适当增大讲授跨度，留有充分思考余地。针对不同专业特点，及时补充新内容、介绍新技术、兽医技术新动态。各学习情境内容，要求学生认真阅读，在实训中要求学生充分预习、精心操作、术后仔细思考，认真观察判断、综合分析各项结果，在教师课堂示范指导下，提高实际操作能力和综合报告表达能力。

二、项目目标

机能学实验教学是实现人才培养目标的重要环节，其教学质量直接影响人才培养目标的实现，以及学生创新意识、科学精神和实践能力的培养。实验机能学的教学目的是使学生通过实验课程的学习，进一步掌握实验机能学相关的基本知识、基本理论和基本技能，培养发现问题、分析问题、解决问题的能力和严谨求实的科学态度，培养综合运用功能学科群知识的能力，培养开展科学研究的基本素质和创新思维能力，为深入学习其他专业课程打下良好、坚实的理论与实践基础。

（一）知识目标

（1）了解动物机能学实验室的基本器械和仪器的使用方法。

（2）了解有关手术的组织、手术的基本操作技能（如器械的使用、切开、止血、结扎、缝合），强化基础知识，为临床学科的学习打下良好的基础。

（3）掌握动物保定、切开、止血、结扎等手术基本操作技能。

（4）掌握各类动物生理性手术操作方法。

（5）了解动物心血管系统、呼吸系统、泌尿系统、神经系统机能。

（6）掌握动物生物化学理化因子（糖、脂类、蛋白质、酶等）的分离提取与测定。

（7）掌握动物 DNA 分子的分离、提取与鉴定的原理与方法。

（二）能力目标

（1）能正确使用各类机能学实验手术器械和仪器。

（2）能熟练掌握动物保定、机能学中需要的材料准备、组织实施手术过程。

（3）能够熟练进行动物皮肤切开、止血、结扎、缝合等手术基本操作方法。

（4）能独立分析各项实验结果得出正确结论。

（5）能够独立进行各种动物生理性手术。

（6）能熟练使用各种生物化学实验仪器，包括各种天平、分光光度计、离心机、电泳装置和摇床等。

（7）能具有设计简单实验的能力。

（三）素质目标

（1）良好的团队协作能力，具有自强、自立、竞争、合作、吃苦耐劳和爱岗敬业的精神。

（2）实验结果记录和归纳、总结能力。

（3）实事求是的精神和良好的学术道德。

（4）培养学生热爱科学、精益求精的学风，具备学习能力和创新意识。

三、项目内容

（一）设计思路

新的动物机能学实验课程体系的教学核心是学生科学思维与创新能力的培养理论课教学同步。教材是教学的依据，新的动物机能实验学教材既要有利于加强实验基本原理和操作的训练，又要有利于学生综合素质及创造性思维能力的培养。在前人的基础上，新教材打破了学科和课程间的壁垒，精选实验内容，删减重复性内容，保留学科的经典实验。打破现行课程的框架，以能力培养为主线，重新规划实验设置、教学内容，开设基础性、探索性、综合性的实验项目。

其中基本知识、基本技能和基础实验阶段主要以仪器使用与手术操作训练经典验证实验为主，目的是让学生学会动物机能学实验的基本方法、基本操作技术和实验仪器的使用，掌握实验报告的书写格式等，以训练学生的实验基本功。实验项目循序渐进，学生可通过逐步的学习完全掌握器械使用和手术操作技能。实验项目在内容设计上强调生理、生化实验内容的交叉、渗透与融合，打破以学科为中心的界限，将正常机能活动、异常机能模型、代表性药物的作用结合起来，形成大型、全面的综合性实验。通过生理、生化实验内容的有机整合，既可节省实验动物、试剂和实验学时，又能使学生体会到课程的连贯性、整体性和系统性，有利于培养学生综合分析、解决问题的能力和全局意识，生理机能实验技能奠定的基础又可以为药物机能学实验开展做了良好的铺垫，这样能更好地培养学生的综合分析能力及全局观念。

在此阶段实验教学中，教师主要起把握方向、布置任务、启发提示的作用，学生的主观能动性得以充分发挥，有效地培养了学生的主动学习能力、利用信息资源能力、逻辑思维能力和自主创新能力。

（二）教学内容

机能学是一门实验性的学科，它的理论和概念与自然科学的其他学科一样，大部分都是根据实验或观察获得的。

　　根据科学性、先进性和效益性的原则，机能学实验选取了实验技术比较成熟，基本技能训练效果比较好，又切合课程基本要求的多个实验，供学生根据自己的特点和条件选用，每一实验都包括目的要求、实验原理、实验步骤以及结果处理等内容。实验步骤尽可能地详述了每一步操作，同时避免重复，相同步骤就不再赘述，避免冗余。而为了让学生实验时操作方便，不易出错，每个实验项目都概述了每项实验的技能训练重点，实验时的关键操作，实验注意事项等。

　　机能学实验并不是单纯的操作实验，更多的目的是让学生对理论有直观的认识，培养学生的分析综合能力，因此为了进一步开拓学生的思路，对实验前的预习工作和实验后应思考的问题，本项目也在每个实验项目中做出了具体要求。任务具体教学内容见表2-3。

表 2-3　动物机能学实验任务分解

任务名称	目的要求	学习性工作任务及内容（包括理论及实践内容）
任务一 蛙心灌注	1. 掌握蛙类手术 2. 学习离体蛙心灌注方法 3. 观察内环境理化因素的改变和某些神经体液因素对心脏节律性活动的影响	1. 能掌握蛙类动物捕拿和注意事项 2. 能掌握蛙类手术保定 3. 能掌握蛙类手术器械 4. 能了解内环境理化因素的改变和某些神经体液因素对心脏节律性活动的影响
任务二 呼吸运动调节	1. 熟悉兔类手术操作器械 2. 熟悉兔颈部手术方法 3. 掌握气管插管术 4. 观察影响呼吸运动的某些因素	1. 能熟练掌握兔类手术操作器械的使用方法 2. 熟悉兔颈部手术 3. 能熟练进行气管插管术 4. 掌握肺牵张反射
任务三 唾液淀粉酶活性的观察	1. 掌握酶的催化特性 2. 熟悉酶的高效性和特异性 3. 了解温度和 pH 值对酶活性的影响 4. 了解激活剂、抑制剂对酶活性的促进和抑制作用	1. 能掌握从自身的唾液中制备唾液淀粉酶的机制和方法，体会到人体本身也是一个"生化工厂" 2. 能够使用比色板来进行滴定操作，并且对颜色变化进行技术和观察 3. 能够在实验中体会淀粉水解过程中加碘液之后的变化过程，从而掌握用碘来了解酶促反应过程的技术 4. 体会环境因素对酶的活性的影响 5. 体会抑制剂和促进剂对酶活性的巨大作用并且很好地把握终止时间点
任务四 血清总蛋白、清蛋白和球蛋白含量测定	1. 掌握凯氏微量法测定总蛋白及清蛋白和球蛋白含量的原理与方法 2. 掌握清蛋白和球蛋白的分离方法	1. 能理解凯氏定氮法的原理 2. 能熟悉改良的凯氏微量法的操作方式 3. 能熟悉盐析的技术和方法 4. 能熟练使用分光光度计 5. 能够理解不同类型的物质的蛋白氮和非蛋白氮的含量与粗蛋白质的关系

四、考核评价方式

以工作过程为导向的教学理念，强调学生的综合能力和实践能力。据此，建立了新型的课程考核方式和考核评价标准。考核中注重专业知识在实际工作中的应用和对综合能力的考核，注重全面准确地评估学生的学习过程和对实验结果进行分析综合的学术能力。

1. 实践考核

按实际工作规范要求，对每位学生进行各种手术方法、仪器使用等操作考核。

2. 综合能力考核

利用笔试，对学生对知识的掌握程度、设计实验的能力等进行考核。

任务一　蛙心灌注

【任务目标】

（1）学习离体蛙心灌注方法。

（2）观察内环境理化因素的改变和某些神经体液因素对心脏节律性活动的影响。

【任务描述】

1. 工作任务

（1）制备离体蛙心。

（2）将离体蛙心连接仪器，观察不同因素对心脏节律性活动的影响。

2. 主要工作内容

（1）掌握蛙的捉拿。

（2）掌握蛙的脑、脊髓破坏术。

（3）掌握离体蛙心的制备方法。

（4）掌握 BL-420 生物机能实验系统的使用方法。

【任务要求】

1. 知识技能要求

（1）掌握离体蛙心的制备方法及注意事项。

（2）掌握蛙类手术基本操作。

（3）掌握 BL-420 生物机能实验系统的使用方法。

（4）掌握某些因素对心脏节律性活动的影响。

2. 实验要求

在进行实际操作时，要严格按照规定进行操作，注意安全。

3. 行为要求

（1）实验材料要准备充足。

（2）实习服装要着装整齐。

（3）遵守课堂纪律。

（4）具有团结合作精神。

【训练材料】

1. 器材

BL-420 生物机能实验系统、张力换能器、探针、粗剪刀、组织剪、眼科剪、眼科镊、玻璃分针、蛙心夹、蛙心插管、试管夹、铁支柱、双凹夹、滴管、100mL 小烧杯。

2. 药品

任氏液、5%NaCl、2%CaCl$_2$、1%KCl、1：10 000肾上腺素、1：100 000乙酰胆碱。

3. 实验动物

蟾蜍或蛙。

4. 其他

工作服。

【操作步骤】

实验步骤与操作要求如下。

工作程序	操作要求
实验前准备	穿好工作服、戴 PE 手套。
蛙的捉拿	用左手握持动物，以食指和中指夹住双侧前肢。
捣毁脑和脊髓	用左手的中指和无名指夹住蟾蜍的前肢，躯干和后肢握在手里，拇指前推、食指压住头部前端使头前俯。右手持探针自枕骨大孔垂直刺入，左右划动横断脑和脊髓。接着将探针向前刺入颅腔，左右搅动充分捣毁脑组织。然后将探针沿原路撤回至进针点（不要拔出），转向后刺入椎管，反复上下提插、捻动充分捣毁脊髓。此时如蟾蜍的呼吸停止、四肢松软，表明脑和脊髓已被完全破坏，否则重复上述操作再行捣毁。
暴露心脏	用手术镊提起胸骨稍下方的皮肤，用手术剪向两下颌角方向将皮肤剪开一块呈顶端向下的等边三角形，用镊子夹住胸骨剪去同样大小的胸壁，此时可见跳动的心脏，用眼科剪刀剪去心包膜，暴露心脏。

工作程序	操作要求
蛙心插管	结扎右主动脉，在左主动脉下穿一细线，打一虚结备用。用眼科镊轻提左主动脉，向心方向剪一"V"形切口，右手将装有任氏液的蛙心插管从切口插入主动脉，然后向右主动脉方向移动插管，使插管长轴与心脏一致，当插到主动脉圆锥时，再将插管稍向后退，即转向左后方，左手用眼科镊轻提房室沟周围的组织，使插管插入心室，切忌用力过大和插管过深。此时可见插管内任氏液面随蛙心舒缩而上下波动，立即将预先准备好的虚结扎紧，并固定于插管的侧钩上。
离体蛙心	用吸管吸去蛙心插管内任氏液及血液，以任氏液冲洗 1~2 次，然后剪断两主动脉弓，轻提蛙心插管，以抬高心脏，在心脏背面静脉窦与腔静脉交界处用线结扎，注意勿结扎静脉窦，在结扎线外侧剪断血管，使心脏与蛙体分离。再用滴管吸取任氏液将蛙心插管内血液冲洗数次，直到灌流液无色为止，然后将蛙心插管固定在铁支架上，以备实验用。
连接仪器	蛙心夹在心室舒张期夹住心尖 1~3mm，用试管夹将蛙心插管固定于铁支柱上，并将蛙心夹上的线连至张力换能器的受力片上，换能器连 BL-420 生物机能实验系统。
软件操作	打开电脑，打开生物机能实验系统软件，选择"实验项目"—"循环实验"—"蛙心灌流"。
观察正常心搏曲线	调整蛙心夹丝线的松紧程度，使心搏曲线稳定且明显后，观察心搏曲线。上升支示心室收缩，下降支示心室舒张，注意观察心搏频率与幅度。
加入 NaCl 溶液	将蛙心插管内任氏液全部换成 NaCl 溶液，观察心搏曲线变化，待效果明显后进行记录，马上换加新鲜任氏液。
滴加 $CaCl_2$ 溶液	于灌注液内加 1~2 滴 $CaCl_2$ 溶液，混匀。观察曲线变化，待效果明显后进行记录，以新鲜任氏液洗两次，曲线恢复正常后，再进行后续步骤。
滴加 KCl 溶液	于灌注液内加 1~2 滴 KCl 溶液，混匀。观察曲线变化，待效果明显后进行记录，以新鲜任氏液洗两次，曲线恢复正常后，再进行后续步骤。
滴加肾上腺素	于灌注液内加 1~2% 滴肾上腺素，混匀。观察曲线变化，待效果明显后进行记录，以新鲜任氏液洗两次，曲线恢复正常后，再进行后续步骤。
滴加乙酰胆碱	于灌注液内加 1~2% 滴乙酰胆碱，混匀。观察曲线变化，待效果明显后进行记录。

工作程序	操作要求
注意事项	（1）加试剂每次不宜过多，先加 1~2 滴，作用不明显时可再追加。若一次加入过多试剂，可能使心肌失活。 （2）每项实验应有正常对照，即作用明显后立即换液，待曲线基本恢复后再进行下一项。 （3）每次加入试剂时，在界面上进行标记选择，在记录纸上标明试剂名称及用量，以免项目完成后遗忘。 （4）每次换液时，插管内液面均应保持同一高度。排除因液面高低不同造成的不同水压影响，保持实验条件的一致性。 （5）滴加任氏液保持心脏湿润。保证心肌细胞的内环境使实验中心肌细胞能维持正常机能。 （6）本实验试剂种类较多，切忌错用滴管造成污染。 （7）固定换能器时，应稍向下倾斜，以免由心脏滴下的水流入换能器内造成仪器损坏。

【考核评价】

评价类别	项目	子项目	个人评价	组内互评	教师评价
专业能力 （60%）	资讯（5%）	收集信息（3%）			
		引导问题回答（2%）			
	计划（5%）	计划可执行度（3%）			
		设备材料工具、量具安排（2%）			
	实施（25%）	工作步骤执行（5%）			
		功能实现（5%）			
		质量管理（5%）			
		安全保护（5%）			
		环境保护（5%）			
	检查（5%）	全面性、准确性（3%）			
		异常情况排除（2%）			
	过程（5%）	使用工具、量具规范性（3%）			
		操作过程规范性（2%）			
	结果（10%）	结果质量（10%）			
	实验报告（5%）	完成质量（5%）			
社会能力 （20%）	团结协作（10%）	小组成员合作良好（5%）			
		对小组的贡献（5%）			

评价类别	项目	子项目	个人评价	组内互评	教师评价
社会能力（20%）	敬业精神（10%）	学习纪律性（5%）			
		爱岗敬业、吃苦耐劳精神（5%）			
方法能力（20%）	计划能力（10%）	考虑全面（5%）			
		细致有序（5%）			
	实施能力（10%）	方法正确（5%）			
		选择合理（5%）			
评价评语	评语： 　　　　　组长签字：　　　　　　　教师签字： 　　　　　　　　　　　　　　　　　　年　　月　　日				

【思考题】

（1）实验过程中为何要求插管内的液面保持一致？

（2）通过本实验，能从哪几个方面加深对内环境相对恒定重要性的理解？

任务二　呼吸运动调节

【任务目标】

1. 观察某些因素对呼吸运动的影响。

2. 通过实验现象了解肺牵张反射。

【任务描述】

1. 工作任务

（1）兔气管插管。

（2）将压力换能器连接仪器，观察不同因素对呼吸运动的影响。

2. 主要工作内容

（1）掌握兔的麻醉方法。

（2）掌握兔的保定方法。

（3）掌握兔颈部手术的基本操作。

（4）掌握气管插管方法。

【任务要求】

1. 知识技能要求

（1）掌握兔的麻醉方法。

（2）掌握兔的保定方法。

（3）掌握兔颈部手术的基本操作方法。

（4）掌握气管插管方法。

（5）掌握肺牵张反射的基本知识。

（6）掌握不同因素对呼吸作用的影响。

2. 实验要求

在实际操作时，要严格按照规定进行操作，注意安全。

3. 行为要求

（1）实验材料要准备充足。

（2）实习服装要着装整齐。

（3）遵守课堂纪律。

（4）具有团结合作精神。

【训练材料】

1. 器材

BL-420 生物机能实验系统、压力换能器、组织剪、眼科剪、眼科镊、玻璃分针、气管插管、兔手术台、橡胶管、纱布、棉线等。

2. 药品

生理盐水、20%氨基甲酸乙酯、3%乳酸、$CaCO_3$、稀盐酸、25%尼可刹米。

3. 实验动物

家兔。

4. 其他

工作服。

【操作步骤】

实验步骤与操作要求如下。

工作程序	操作要求
实验前准备	穿好工作服、戴 PE 手套。
兔的捉拿	捉拿时一手抓住其颈背部皮肤。轻轻将兔提起，另一手托住其臀部，将兔放至台秤上称重。

工作程序	操作要求
兔的麻醉	家兔静脉注射麻醉一般采用耳缘静脉。耳缘静脉沿耳背后缘走行，较粗，剪除其表面皮肤上的毛并用水湿润局部，血管即显现出来。注射前可先轻弹或揉擦耳尖部并用手指轻压耳根部，刺入静脉（第一次进针点要尽可能靠远心端，以便为以后的进针留有余地）后顺着血管平行方向深入1cm，放松对耳根处血管的压迫，左手拇指和食指移至针头刺入部位，将针头与兔耳固定。进行药物注射。若注射阻力较大或出现局部肿胀，说明针头没有刺入静脉，应立即拔出针头，在原注射点的近心段重新刺入。注射完毕，拔出针头，用棉球压住针刺孔，以免出血。用20%氨基甲酸乙酯（每千克体重5mL）由耳缘静脉注入，待动物四肢松软，角膜反射消失时进行保定。
兔的保定	将家兔腹部朝上置于兔手术台上，摆正兔头，两耳分别置于身体两侧。用手术台上方棉线固定兔牙以固定头部，然后将兔四肢固定在兔手术台四柱上。保定时用保定绳切实固定好兔关节部，防止滑脱。
兔颈部手术	剪去颈部皮肤上的毛。用手术刀在喉头与胸骨上缘之间沿颈腹正中线作一切口。切口的长5~7cm。用止血钳分离皮下结缔组织，然后将切开的皮肤向两侧拉开，用止血钳分开左右胸骨舌骨肌，在正中线沿其中缝插入并向前后两端扩张创口。注意止血钳不能插入过深，以免损伤气管或其他小血管。也可用两食指沿左右胸骨舌骨肌中缝轻轻向上下拉开，此时即可见到气管。
气管插管术	在喉头以下气管处，分离一段气管与食管之间的结缔组织，并穿一根浸过生理盐水的棉线备用。于甲状软骨下1~2cm处的两个软骨环之间，用手术刀或剪刀将气管横向切开，再向头端作一小纵向切口，使呈倒"T"形，用眼科镊夹一小块棉花做成棉签状，向肺部方向插入气管，检查是否有血液或血凝块，防止插入气管插管后堵塞。确定气管内无异物后，将口径适当的气管插管由切口向胸端插入气管腔内，用备用线结扎，并再在插管的侧管上打结固定，以防插管滑出。
分离迷走神经	用左手拇指和食指捏住气管左侧钝性分离开的肌肉边缘向外翻，其余三指向上顶，可见颈总动脉鞘。颈总动脉鞘中有颈总动脉以及与之伴行的三根神经，其中最粗的是迷走神经。用玻璃分针沿神经方向轻轻划开周围的结缔组织，分离出一段1~2cm的神经，下穿两根线备用。用同样的方法分离右侧迷走神经，穿一根线备用。

工作程序	操作要求
连接仪器	将气管插管左侧用乳胶管连接到压力换能器主支，将压力换能器侧枝夹闭。气管插管右侧也连接一根乳胶管。打开电脑，打开BL-420 生物机能实验系统，实验项目——"呼吸运动调节"，观察呼吸曲线。若呼吸曲线不明显，可适当夹闭气管插管右侧乳胶管。
观察正常呼吸曲线	待呼吸曲线稳定后，观察一段正常的呼吸曲线。
通入二氧化碳	将装有 $CaCO_3$ 的三角瓶加入盐酸后，迅速与套在气管插管右侧管上的乳胶管相连，观察呼吸效应。呼吸曲线有明显变化后进行记录并立即撤去二氧化碳发生装置。
缺氧	当呼吸曲线恢复后，将缺氧装置接气管插管右侧管，观察呼吸效应。呼吸曲线有明显变化后进行记录并立即撤去缺氧装置。
增大无效腔（长管呼吸）	当呼吸恢复后，将一段长橡皮管接气管插管右侧管，观察呼吸效应。记录后撤去长管。
注射乳酸	抽取 3%乳酸 2mL，于耳缘静脉注射观察呼吸效应。
兴奋呼吸	注射 25%尼可刹米每千克体重 0.5mL 观察呼吸变化。
剪断迷走神经	剪断右侧迷走神经，观察呼吸效应。然后将左侧迷走神经下穿的两根线分别结扎，从两结中剪断，观察呼吸效应。
刺激迷走神经向中端	持左侧迷走神经向中端的结扎线，用保护电极刺激迷走神经向中端，观察呼吸效应。
刺激迷走神经离中端	持左侧迷走神经离中端的结扎线，用保护电极刺激迷走神经离中端，观察呼吸效应。
注意事项	颈部手术时分离肌肉一定要使用钝性分离方法，绝不能用锐器，否则极易破坏肌肉下的血管，引起大出血。 气管插管前注意止血并清理气管，一定要保证气管内无异物，以免发生气管插管堵塞，引起动物窒息。 注射乳酸时不要刺破静脉，以免乳酸外漏。乳酸对组织的刺激非常大，漏出静脉容易引起动物躁动。 气管插管右侧管的夹子在实验全过程中不得更动，否则压力变化会影响呼吸曲线，从而影响实验对比。

【考核评价】

评价类别	项目	子项目	个人评价	组内互评	教师评价
专业能力 （60%）	资讯（5%）	收集信息（3%）			
		引导问题回答（2%）			
	计划（5%）	计划可执行度（3%）			
		设备材料工具、量具安排（2%）			
	实施（25%）	工作步骤执行（5%）			
		功能实现（5%）			
		质量管理（5%）			
		安全保护（5%）			
		环境保护（5%）			
	检查（5%）	全面性、准确性（3%）			
		异常情况排除（2%）			
	过程（5%）	使用工具、量具规范性（3%）			
		操作过程规范性（2%）			
	结果（10%）	结果质量（10%）			
	实验报告（5%）	完成质量（5%）			
社会能力 （20%）	团结协作（10%）	小组成员合作良好（5%）			
		对小组的贡献（5%）			
	敬业精神（10%）	学习纪律性（5%）			
		爱岗敬业、吃苦耐劳精神（5%）			

评价类别	项目	子项目	个人评价	组内互评	教师评价
方法能力（20%）	计划能力（10%）	考虑全面（5%）			
		细致有序（5%）			
	实施能力（10%）	方法正确（5%）			
		选择合理（5%）			
评价评语	评语： 　　　　组长签字：　　　　　　教师签字： 　　　　　　　　　　　　　　　　　　年　　　月　　　日				

【思考题】

（1）迷走神经在节律性呼吸中起什么作用？

（2）如何排除本实验中出现的干扰？

任务三　唾液淀粉酶活性的观察

【任务目标】

（1）能掌握从自身的唾液中制备唾液淀粉酶的机制和方法。体会到人体本身也是一个生化工厂。

（2）能够使用比色板来进行滴定操作，并且对颜色变化进行技术分析和观察。

（3）能够在实验中体会淀粉水解过程中加碘液之后的变化过程。从而掌握用碘来了解酶促反应过程的技术。

（4）体会环境因素对酶的活性的影响。

（5）体会抑制剂和促进剂对酶活性的巨大作用并且很好地把握终止时间点。

【任务描述】

1. 工作任务

（1）制备唾液淀粉酶。

（2）以不同温度、不同 pH 值和激活剂与抑制剂条件下淀粉酶作用于淀粉，并用碘液检查酶促淀粉的水解程度，来说明环境因素对酶活性的影响。

2. 主要工作内容

（1）掌握唾液淀粉酶的制备。

（2）掌握碘液显色反应的原理和方法。

（3）掌握比色板的操作和观察。

（4）掌握平行组实验的操作要点。

【任务要求】

1. 知识技能要求

（1）掌握唾液淀粉酶的生成途径和获取方式

（2）掌握试管和移液管的正确使用方式。

（3）掌握水浴锅和制冰机的使用方法。

（4）掌握环境因素对唾液淀粉酶活力的影响。

2. 实验要求

在进行实际操作时，要严格按照规定进行操作，注意安全。

3. 行为要求

（1）实验材料要准备充足。

（2）实习服装要着装整齐。

（3）遵守课堂纪律。

（4）具有团结合作精神。

【训练材料】

1. 器材

水浴锅、制冰机、移液管、试管、洗耳球、滴管、20mL 小烧杯。

2. 药品

0.5%淀粉溶液（m/V）、碘液、0.2mol/L 磷酸氢二钠、0.1mol/L 柠檬酸、0.9% NaCl、1%CuSO$_4$（取 1g CuSO$_4$，加水溶解并定容至 100mL）。

3. 动物材料

唾液。

4. 其他

工作服。

【操作步骤】

实验步骤与操作要求如下。

工作程序	操作要求
实验前准备	穿好工作服，准备好冰水混合物。

工作程序	操作要求
唾液淀粉酶的制备	每人取 1 个干净的烧杯，装上蒸馏水。先用蒸馏水漱口，清除口腔内的食物残渣。口含蒸馏水约 20mL，做咀嚼动作 1~2min，以促进较多的唾液分泌，然后将口中唾液吐入 1 个干净的小烧杯中（由于每人的唾液淀粉酶活性不同，可以对以上唾液做适当的稀释）。
pH 值对酶活性的影响	取 3 支试管编号 1、2、3，依次加入 pH 值为 3.8 的缓冲溶液 1mL，pH 值为 6.8 的缓冲溶液 1mL，pH 值为 9.0 的缓冲溶液 1mL。之后每管加入 0.5%淀粉溶液 3mL，充分振荡混匀之后，每管加入自己制备的唾液淀粉酶液 1mL。从 2 号试管中取出 1 滴溶液置白瓷板上，用碘液检查淀粉水解程度，待溶液不再变色时，从水浴中取出所有试管，然后每个试管中加入碘液 1~2 滴，观察其颜色变化。
温度对酶活性的影响	取 3 支试管编号 4、5、6，每管加入 0.5%淀粉溶液 3mL，分别放置于 0℃、37℃、100℃中平衡 10min，然后每管加入自己制备的唾液淀粉酶液 1mL。从 2 号试管中取出 1 滴溶液置白瓷板上，用碘液检查淀粉水解程度，待溶液不再变色时，从水浴中取出所有试管，然后每个试管中加入碘液 1~2 滴，观察其颜色变化。
激活剂和抑制剂对酶活性的影响	取 3 支试管编号 7、8、9，依次加入 0.9%NaCl 溶液 1mL、1%CuSO$_4$ 溶液 1mL、蒸馏水 1mL。之后每管加入 0.5%淀粉溶液 3mL，放置于 37℃中平衡 10min，然后每管加入自己制备的唾液淀粉酶液 1mL。从 7 号试管中取出 1 滴溶液置白瓷板上，用碘液检查淀粉水解程度，待溶液变为浅棕红色时，从水浴中取出所有试管，然后每个试管中加入碘液 1~2 滴，观察其颜色变化。
总结	综合以上 3 组实验的结果，并且分析每管所显现的不同颜色和变化趋势的原因。
注意事项	该实验最关键的环节是酶促反应终点的判断，既不能过早又不能过晚；温度对酶活性影响实验中，试管从沸水中取出后，先用流动水冷却，再滴加碘液；加碘液时，应逐滴加，直到 3 支试管颜色不同为止。

【考核评价】

评价类别	项目	子项目	个人评价	组内互评	教师评价
专业能力（60%）	资讯（5%）	收集信息（3%）			
		引导问题回答（2%）			
	计划（5%）	计划可执行度（3%）			
		设备材料工具、量具安排（2%）			
	实施（25%）	工作步骤执行（5%）			
		功能实现（5%）			
		质量管理（5%）			
		安全保护（5%）			
		环境保护（5%）			
	检查（5%）	全面性、准确性（3%）			
		异常情况排除（2%）			
	过程（5%）	使用工具、量具规范性（3%）			
		操作过程规范性（2%）			
	结果（10%）	结果质量（10%）			
	实验报告（5%）	完成质量（5%）			
社会能力（20%）	团结协作（10%）	小组成员合作良好（5%）			
		对小组的贡献（5%）			
	敬业精神（10%）	学习纪律性（5%）			
		爱岗敬业、吃苦耐劳精神（5%）			

评价类别	项目	子项目	个人评价	组内互评	教师评价
方法能力（20%）	计划能力(10%)	考虑全面（5%）			
		细致有序（5%）			
	实施能力(10%)	方法正确（5%）			
		选择合理（5%）			
评价评语	评语： 　　　　组长签字：　　　　　　教师签字： 　　　　　　　　　　　　　　　　　年　　月　　日				

【思考题】

（1）什么是酶活性？酶活性单位是如何规定的？

（2）在温度对酶活性的影响实验中，沸水浴处理的试管为什么要先用冷水冷却，然后再滴加碘液观察有什么变化？

任务四　血清总蛋白、清蛋白和球蛋白含量测定

【任务目标】

（1）掌握凯氏微量法测定总蛋白及清蛋白含量的原理与方法。

（2）掌握清蛋白和球蛋白的分离方法。

【任务描述】

1. 工作任务

（1）凯氏微量定氮法测量粗蛋白质。

（2）通过分光光度计测量氮的相对含量。

（3）掌握分光光度法测定的原理，分光光度计的结构和基本操作要点。

2. 主要工作内容

（1）理解凯氏定氮法的原理。

（2）熟悉改良的凯氏微量法的操作方式。

（3）熟悉盐析的技术和方法。

（4）熟练使用分光光度计。

（5）能够理解不同类型的物质的蛋白氮和非蛋白氮的含量与粗蛋白质的关系。

【任务要求】

1. 知识技能要求

（1）掌握凯氏定氮法的原理。

（2）掌握改良的凯氏微量法的操作方式和新实验。

（3）掌握盐析的技术和方法。

（4）熟练掌握使用分光光度计。

（5）能够了解不同类型物质的蛋白氮和非蛋白氮的含量与粗蛋白质的关系。

2. 实验要求

在进行实际操作时，要严格按照规定进行操作，注意安全。

3. 行为要求

（1）实验材料要准备充足。

（2）实习服装要着装整齐。

（3）遵守课堂纪律。

（4）具有团结合作精神。

【训练材料】

1. 器材

水浴锅、移液管、试管、洗耳球、滴管、20mL 小烧杯等。

2. 药品

奈氏试剂贮存液、奈氏试剂应用液、硫酸铵标准液、球蛋白沉淀剂、0.9%NaCl 溶液、30%H_2O_2、氧气。

3. 动物材料

山羊血清。

4. 其他

工作服。

【操作步骤】

实验步骤与操作要求如下。

工作程序	操作要求
实验前准备	穿好工作服、清洗试管等。
血清的稀释	准确吸取血清 1mL，置于 100mL 容量瓶中，以 0.9%NaCl 溶液稀释至刻度，充分混合均匀。

工作程序	操作要求
总蛋白含量的样本测定	取 3 支硬质大试管，分别标记为空白、标准和测定，测定管中加入稀释过后的血清 0.2mL，标准管中加入标准液 0.5mL，空白管中加入消化液 0.1mL，将测定管在电炉上消化。
样本的消化	将 3 支测定管在电炉上消化，待管中充满白烟，继续消化至透明为止，冷却。加热时候，后放置的管子注意不要和之前的管子碰撞或接触，容易造成试管破裂。
奈氏试剂处理	试管中分别先加入蒸馏水 3.5mL，充分振荡混匀后，再分别加入奈氏试剂 1.5mL。
分光光度计比色	充分混匀。在波长 460nm 处，以空白管调"0"进行比色，读取各管光密度。在使用仪器之前首先要调教仪器，然后对比色皿进行清洗，分光光度计预热 10min 方可开始使用。
总蛋白计算公式	$\dfrac{测定管光密度}{标准管光密度} \times 0.015 \times \dfrac{100}{0.002} = \dfrac{测定管光密度}{标准管光密度} \times 750 = 总氮$ mg/100mL $（总氮量-非蛋白氮量） \times \dfrac{6.25}{1\,000} = 总蛋白$ g/100mL
清蛋白含量的测定	准确吸取血清 0.1mL 置于离心管中，加入 21% 亚硫酸钠（或 23% 硫酸钠）溶液 3.9mL，混匀后，再加乙醚 1mL，堵住管口，用力振荡 10 余次。小心开启管塞，以 3 000r/min 离心约 10min。此时管内液体分为三层，上层为乙醚，中层为球蛋白（白色薄膜状），底层为清晰的清蛋白溶液。
消化	斜执离心管，使球蛋白沉淀与管壁分离，沿着管壁与球蛋白沉淀之间的空隙处将吸管插入底层。准确吸取清蛋白溶液 0.1mL，用滤纸擦净吸管壁，将液体置于硬质试管内，加消化液 0.1mL，按血清总蛋白的方法进行测定。
清蛋白计算公式	$\left(\dfrac{测定管光密度}{标准管光密度} \times 0.015 \times \dfrac{100}{0.005} - 非蛋白氮量\right) \times \dfrac{6.25}{1\,000} = 清蛋白$ g/100mL
球蛋白计算	血清蛋白总量-血清清蛋白量=血清球蛋白量

工作程序	操作要求
注意事项	本法多用作标准血清蛋白质测定。此时只要将欲作标准用之血清平行做 3~5 份总蛋白测定，求其平均值即可。测定中，消化后的试管要放冷后，再加试剂以防止出现混浊。硫酸钠溶液，冷天时常易发生结晶析出。实验时应将试剂、所用试管、吸管置于 37℃ 温箱趁热操作。显色之后测定管颜色应与标准管相近，否则应调整血清稀释倍数重新测定。分离清蛋白时，若不用上述乙醚离心法，也可改用过滤法。即取血清 0.1mL 加 23%硫酸钠（21%亚硫酸钠）3.9mL，混合后将试管置于 37℃ 温箱内 3h，再以定量滤纸过滤，直至得到完全澄清之清蛋白滤液为止。

【考核评价】

评价类别	项目	子项目	个人评价	组内互评	教师评价
专业能力（60%）	资讯（5%）	收集信息（3%）			
		引导问题回答（2%）			
	计划（5%）	计划可执行度（3%）			
		设备材料工具、量具安排（2%）			
	实施（25%）	工作步骤执行（5%）			
		功能实现（5%）			
		质量管理（5%）			
		安全保护（5%）			
		环境保护（5%）			
	检查（5%）	全面性、准确性（3%）			
		异常情况排除（2%）			
	过程（5%）	使用工具、量具规范性（3%）			
		操作过程规范性（2%）			
	结果（10%）	结果质量（10%）			
	实验报告（5%）	完成质量（5%）			
社会能力（20%）	团结协作(10%)	小组成员合作良好（5%）			
		对小组的贡献（5%）			

评价类别	项目	子项目	个人评价	组内互评	教师评价
社会能力（20%）	敬业精神（10%）	学习纪律性（5%）			
		爱岗敬业、吃苦耐劳精神（5%）			
方法能力（20%）	计划能力（10%）	考虑全面（5%）			
		细致有序（5%）			
	实施能力（10%）	方法正确（5%）			
		选择合理（5%）			
评价评语	评语： 组长签字：　　　　　　　　　教师签字： 　　　　　　　　　　　　　　　年　　　月　　　日				

【思考题】

（1）自然界中不同的物质的粗蛋白质含量计算的系数是否都是相同的？

（2）被测物的组成如果不是蛋白质时，可否能用此方法来估算蛋白质含量？

项目四　动物微生物学实验

一、项目定位与性质

动物微生物学是高等职业教育动物科学专业的核心课程，是一门必修专业主干课程，也是一门其他动物科学专业课程学习的重要专业基础课程。本项目化课程的基本内容包括细菌的简单染色和革兰染色，细菌的芽孢、荚膜、鞭毛染色及运动性观察，微生物细胞形态及菌落特征观察，微生物数量的测定，微生物的分离、纯培养与菌种保藏，细菌的生化实验、放线菌和真菌形态观察等学习情境。实施本项目化课程教材的教学是为了满足社会对动物养殖、动物疾病防治、畜产品加工储藏及微生物学检验专业技术人员培养的需要。

本项目化课程教学方式结合地域性和高等职业教育特点，在重视实用性的前提下，有选择主要讲授细菌形态结构观察、细菌分离纯化培养与鉴定、细菌计数等知识技能。教学采用微生物标本片、细菌活体、实验动物、多媒体课件等手段辅助教学，充分利用显微镜的视觉效果、细菌培养鉴定技术，加深学生对微生物的感官认识，调动学生的思维过程，提高学生的学习效果。

课堂讲授内容与学生自学相结合，适当增大讲授跨度，留有充分思考余地。针对不同专业特点，及时补充新内容、介绍新技术、微生物技术新动态。各学习情境内容，要求学生认真阅读，在实训中要求学生充分预习、认真操作、观察判断、综合分析实验结果，在教师课堂示范指导下，提高动物微生物学技能实际操作能力和综合报告表达能力。

二、项目目标

通过本项目化课程的学习，学生能牢固掌握显微镜油镜使用、培养基制备、消毒灭菌等基本技能；掌握细菌常用染色及细菌形态观察、细菌分离培养鉴定、细菌数量测定等方法；尤其各实验环节无菌操作技能的培养，是本课程需要严格把关的技能之一。通过对本课程的学习，学生具有对动物健康养殖的基本常识和技能；能综合利用对病原微生物的基本认识对动物常见传染性疾病进行诊断、采取有效防控措施；掌握畜产品加工储藏过程中微生物污染指标的控制、检验等专业技能。

通过理实一体的教学，建立和强化未来动物养殖专业人才健康养殖理念，能熟练掌握无菌操作技术、疾病诊断与防控、提供放心畜产品的综合技能。动物微生物课程内容教学采用项目任务与实训相结合的方式进行教学，并通过标本片、已知微生物、实验动物等认知各类动物相关有益或有害微生物，模拟畜产品的微生物计数、动物传染病的微生物诊断等的操作技能，学生熟练掌握微生物样品采集，微生物分离、纯化、培养、鉴定的方法，为今后从事动物科学相关工作提供有力的技术保障。

（一）知识目标

（1）熟悉细菌简单染色和革兰染色的染色原理及反应特性。

（2）了解细菌的基本形态和一些特殊构造（荚膜、芽孢、鞭毛）的形态特征。

（3）掌握血细胞计数板计数、平板菌落计数、电比浊计数法的基本原理。

（4）了解细菌在各种培养基上的生长表现和培养性状对细菌鉴别的重要意义。

（5）学习几种菌种保藏法的基本原理。

（6）熟悉常用细菌生化反应的原理，了解生化试验在细菌鉴定中的意义。

（7）掌握酵母菌的一般形态特征及其与细菌的区别。

（二）能力目标

（1）学习并掌握细菌抹片的制备方法、简单染色和革兰染色方法，进一步熟悉显微镜油镜的正确规范使用方法。

（2）学习并掌握荚膜、芽孢、鞭毛染色的原理和操作技术，学习用压滴法和悬滴法观察细菌的运动性。

（3）掌握倒平板的方法和几种常用的分离纯化微生物的基本操作技术。

（4）学习并掌握固体培养基表面分离培养的菌落特征观察，进一步熟悉和掌握微生物无菌操作技术。

(5) 掌握主要细菌生物化学试验方法和结果判定方法。

(6) 掌握使用血细胞计数板、光电比浊计数法进行微生物计数的操作方法。

(7) 掌握观察放线菌、酵母菌和霉菌形态的基本方法。

(三) 素质目标

(1) 培养学生热爱科学、精益求精的精神。

(2) 培养学生实事求是、独立思考、理性分析和解决问题的习惯。

(3) 培养学生注重生物安全的理念，具有高尚的职业道德、自觉遵守生物安全相关法规。

(4) 培养学生良好的团队协作和沟通能力，具有自强、自立、竞争、合作和爱岗敬业的精神。

(5) 培养学生终生学习能力、具备创新意识。

(6) 培养学生吃苦耐劳精神，具有适应社会各种环境、职业以及抵抗风险或挫折的良好心理素质。

三、项目内容

(一) 设计思路

本项目课程的设计以现代职业教育体系建设、科学合理的人才结构培养、技术技能人力资本积累为总体思路，以现代技能人才的职业素养和岗位职业技术素质、动物科学行业必备的专业技能培养为目标，以满足职业教育对象知识结构特点和生产实际应用为宗旨，结合学生将来从业动物科学相关岗位来设计教学。

(1) 以本行业人才市场对技能型人才的需求为导向，侧重实践技能培养，兼顾实践技能相关基础理论知识的普及。

(2) 以生产岗位群所必需的技能为主线设计教学内容。

(3) 引入动物微生物学科高新技术，充分利用现代信息技术手段，拓展学生的专业视野。

(4) 强化实践教学环节，以项目任务教学模式，培养学生发现问题、独立自主解决问题的能力。

(5) 实训中尽可能让学生参与生产全过程，以掌握现代畜牧业生产所需的微生物相关技能。

通过理实一体的教学，建立和强化未来畜禽养殖、动物性食品生产加工销售行业岗位技能型人才健康养殖、绿色低碳理念，掌握实验室无菌操作和微生物分离、培养、鉴定技术，养殖生产环节疾病综合防控技能。动物微生物课程内容教学采用工作任务与教学实习相结合的方式进行教学，并通过实验动物模拟疾病进行实训，培养和训练学生无菌技术和微生物基本操作技能和技巧，使学生掌握动物疾病微生物学诊断的基本方法；

同时，学习认识和利用动物体内外环境中的有益微生物调制饲料、改善动物性食品品质的理论基础实践技能，为今后从事畜牧业生产服务。

（二）教学内容

通过本课程的学习，要求学生能够牢固掌握动物微生物大小、形态、结构组成、代谢、环境因素对其影响等的基本知识，培养基制备、微生物分离、纯化、培养、观察的基本技能，以及实验室常见无菌操作方法；掌握畜禽养殖、动物性食品生产过程中常见动物疾病防控、食品卫生检验、有益微生物的认识、利用相关技术和操作方法，使学生具备对动物疾病预防、疫情处理、绿色养殖、食品安全等问题进行综合分析能力，满足畜牧业生产、动物科学职业教育师资培训等方面的高技能人才队伍建设的需要。

（1）选择教学内容的原则是以畜牧业生产过程中常见的动物疾病防控、食品卫生安全、有益微生物的开发利用、动物科学教育师资培养的职业岗位要求为主线组织来教学内容。根据动物科学专业学生的就业去向，教学内容选择以畜禽常见病原微生物为主，适当增加一些其他动物生产过程益生菌等的内容。

（2）教学组织以工作任务为主导，实践教学的组织是让学生在模拟畜牧业生产过程中常见与微生物相关技术问题处理的真实环境。

（3）根据动物科学相关专业技术人员岗位工作要求，本课程的理论教学内容主要讲授正常动物体的微生物、自然界中与动物相关的微生物及其作用、与饲料有关的微生物、畜禽产品有关的微生物、畜禽的病原微生物等。实践教学内容以动物病原微生物诊断、畜禽产品的加工、储藏与微生物学检验、饲料的加工调制与微生物学检验为主。实践教学都突出实用性，课程内容分为三层次。一是常见动物微生物的形态学特性认识，以及微生物代谢、培养等基本知识，主要是让学生掌握必备的专业理论知识。二是常见的微生物分离、培养、鉴定，染色，形态观察等操作技能，主要是让学生掌握熟练的微生物相关操作技能。三是先进的微生物知识和技术进展等，主要为学生今后的职业生涯发展打下良好的基础。

任务具体教学内容见表2-4。

表2-4 动物微生物学实验任务分解

任务	目的要求	学习性工作任务及内容（包括理论及实践内容）
任务一 细菌简单染色和革兰染色	1. 学习并掌握细菌抹片的制备方法 2. 学习并掌握几种简单染色和革兰氏染色方法 3. 熟悉细菌简单染色和革兰氏染色的反应特性	1. 各类染色原理 2. 能熟练利用细菌纯培养物、动物病料组织进行抹片制备 3. 能熟练掌握革兰氏染色方法 4. 能熟练掌握亚甲蓝染色、瑞氏染色、吉姆萨染色方法及技术要领

(续表)

任务	目的要求	学习性工作任务及内容 （包括理论及实践内容）
任务二 微生物细胞形态 及菌落特征观察	1. 进一步熟悉显微镜油镜的正确规范使用方法 2. 认识细菌的基本形态构造和一些特殊构造特点 3. 掌握固体培养基表面分离培养的菌落特征观察方法	1. 回顾显微镜油镜的正确使用方法和维护等知识要点 2. 细菌标本片观察，掌握不同细菌大小、形态、染色特征 3. 标本片观察，掌握细菌的荚膜、芽孢、鞭毛的形态特征 4. 学习观察在固体培养基表面菌落特征（大小、形状、边缘、表面性状、隆起度、表面性状、颜色、透明度、硬度等）
任务三 微生物的分离、 纯培养与菌种 保藏	1. 了解细菌在各种培养基上的生长表现 2. 了解培养性状对细菌鉴别的重要意义 3. 掌握倒平板的方法和几种常用的分离纯化微生物的基本操作技术 4. 了解菌种保藏的基本原理，掌握几种不同的保藏方法	1. 学习微生物的分离、纯培养的常见方法及意义 2. 学习并熟练掌握稀释涂布平板、平板划线分离法的操作方法，注意无菌操作要领 3. 能熟练进行斜面接种、穿刺接种、液体培养基接种技术，注意无菌操作要领 4. 学习菌种保藏的基本原理，掌握2~3种保藏菌种方法

四、考核评价方式

以工作过程为导向的教学理念，强调学生的综合素质和实践能力培养。据此，建立了新型的课程考核方式和考核评价标准。考核中注重专业知识在实际工作中的应用和对综合能力的考核，注重全面准确地评估学生的学习过程和实际工作能力。

1. 实践考核

按实际工作规范要求，对每位学生进行微生物染色、镜检、绘图等操作考核。

2. 综合能力考核

利用多媒体课件给出考核病例的症状、辅助检查结果等图像资料，要求学生对病例写出微生物诊断方案及处理综合报告。

任务一　细菌的简单染色和革兰氏染色

【任务目标】

（1）通过教师讲解、示范，学生操作，熟练掌握各种细菌材料抹片制备方法。

（2）通过学生对细菌材料进行染色操作训练，熟练掌握几种常用细菌简单染色法和复杂染色法。

【任务描述】

1. 工作任务

（1）不同细菌材料，如细菌纯培养物液体材料（菌液）、固体材料（菌落）、剖检患病动物获取的组织材料等的涂片制作准备。

（2）细菌纯培养物抹片的革兰氏染色与镜检，病料组织材料抹片的亚甲蓝染色、瑞氏染色、吉姆萨染色与镜检。

2. 主要工作内容

（1）染色操作前需准备的细菌材料。

（2）掌握各种细菌材料抹片及固定的不同方法。

（3）掌握各种染色操作程序及注意事项。

（4）掌握微生物操作的无菌原则。

（5）掌握细菌材料的新鲜原则。

【任务要求】

1. 知识技能要求

（1）熟悉显微镜油镜的使用原理，能正确使用油镜观察微生物。

（2）熟悉细菌基本结构、革兰染色原理等。

（3）熟悉各种细菌的大小、形态、染色特征等知识点。

2. 实习安全要求

在进行微生物材料操作时，要严格按照规定进行操作，注意安全，防止病原微生物扩散。同时，操作人员也要做好个人安全防护。

3. 职业行为要求

（1）实验材料要准备充足，操作开始前一一核对。

（2）实习服装要着装整齐，穿工作服，戴医用手套。

（3）实验过程中严格遵守生物安全相关法规，微生物材料、用品按要求处理。

（4）遵守课堂纪律，具有团结合作精神。

【训练材料】

1. 细菌材料

培养 12～16h 的苏云金芽孢杆菌（*Bacillus thuringiensis*）或者枯草芽孢杆菌（*Bacillus subtilis*），培养24h的大肠杆菌（*Escherichia coli*），感染细菌的动物组织材料。

2. 染色液和试剂

结晶紫、碘液、95%酒精、番红或复红、亚甲蓝染色液、瑞氏染色液、吉姆萨染色液、二甲苯、香柏油。

3. 器材

显微镜、接种杯、酒精灯、废液缸、洗瓶、载玻片、擦镜纸等。

【操作训练】

细菌染色方法与操作要求如下。

工作程序	操作要求
玻片准备	新玻片或洗至洁净且无划痕的旧玻片，使用前用95%酒精浸泡，使用时应清晰透明无油脂。取出用干净纱布擦拭，手持玻片时以手指夹住玻片边缘，以免表面沾上手印。
抹片	（1）液体材料。如液体培养物、血液、渗出液、乳汁等，可用灭菌接种环直接取一环，于载玻片中央均匀涂布成适当大小的薄层。 （2）非液体材料。如菌落、脓汁、粪便等材料，应先在载玻片中央滴一小滴生理盐水或蒸馏水，然后于用灭菌接种环挑取少量材料，在液滴中混合，均匀涂抹成适当大小的薄层。注意无菌操作取菌。 （3）组织脏器材料。无菌操作方法将动物剖开后，暴露内脏组织，或临床无菌解剖动物后取回的病变组织，用镊子夹持典型病变组织局部，然后以灭菌或洁净剪取一小块，将其新鲜切面在玻片上压印或涂抹成一薄层。 上述涂片做好后，应用玻璃铅笔在玻片背面偏端处注明菌名、材料、染色方法等。如有多个样品同时需要做成涂片且染色方法相同，则可以同一载玻片上做多点涂片，但载玻片反面应标明并分成若干小方格，每方格涂一种样品。如需保存的标本片，应贴标签。
干燥	涂片最好在室温中自然干燥，必要时，可将标本面向上，在火焰高处烘干，切勿靠近火焰，以免标本烧焦、菌体变形。
固定	固定的目的：一是杀死涂片中的微生物；二是使菌体蛋白质凝固附着的载玻片上，以防染色过程中被水洗掉；三是改变细菌对染料的通透性，因此死的蛋白质比活的蛋白质着色力较强。 必须注意：固定过程中并不能完全保证杀死所有细菌，也不能完全避免部分涂抹物会被洗脱，因此在制备烈性病原菌尤其是含芽孢病原菌的涂片时，应严格处理染色过程中残液和涂片本身，以防病原扩散。固定的方法主要有2种。 （1）火焰固定。将已干燥的标本片涂面向上，使背面在酒精灯火焰上以钟摆速度通过3次，使固定后的标本片触及皮肤时的稍感烧烫为度，但决不能在火焰上烧烤，否则，菌体形态被毁坏。

工作程序	操作要求
固定	（2）化学固定。血液、组织脏器等抹片用吉姆萨或亚甲蓝染色时，应用化学固定，不用火焰固定，如用瑞氏染色则不应另作固定，因染料中就有固定液。化学固定的方法是干燥的涂片浸入甲醇中2~3min，取出晾干，或者直接在涂面上滴加数滴甲醇，作用2~3min，自然挥发干燥。
革兰染色	染色操作步骤如下。 （1）在已干燥、固定好的涂抹片上，滴加草酸铵结晶紫染色液，滴加量以将菌膜覆盖为宜，经1~2min，水洗。 （2）沥去残水，滴加碘液染1~3min，水洗。 （3）脱色 滴加95%酒精2~3滴，频频摇晃3~5s，使酒精能均匀布满涂面，斜持玻片使酒精流出，再滴加酒精，直至流下的酒精无色或稍呈淡紫色为止，之后水洗。脱色的时间，可根据涂抹片的厚度灵活掌握，通常在15~40s。 （4）滴加石炭酸复红染液（或沙黄染液）复染1~2min，水洗。 （5）用吸水纸吸干或自然干燥、镜检。 （6）结果。革兰氏阴性菌呈红色，革兰氏阳性菌呈紫色。以分散开的细菌的革兰氏染色反应为准，过于密集的细菌，常常呈假阳性。 按上述方法，在同载玻片上，在大肠杆菌和蜡样芽孢杆菌或大肠杆菌和金黄色葡萄球菌作混合涂片片染色镜检进行比较。 （7）革兰染色注意事项如下。①决定革兰染色成败的关键是脱色时间。如脱色时间过长，革兰氏阳性菌也可被脱色而误认为革兰氏阴性菌。反之，革兰氏阴性菌也可以误认为阳性菌，脱色时间长短又受涂片厚薄、脱色时玻片摇晃的快慢及酒精用量多少等因素的影响，无法严格规定，一般可用已知的革兰氏阳性菌和阴性菌作对照，可验证结果的准确性。②在染色过程中不可使染色液干涸。③涂片不宜过厚，以免脱色不完全造成假阳性，火焰固定不宜过热，（玻片不烫水为宜）。④水洗时，不要直接冲洗涂面，而应使水从载玻片的一端流下，水流不定过急、过大，以免涂片薄膜脱落。⑤染色后，涂片必须完全干燥后才能用油镜观察。
亚甲蓝染色法	在已干燥、甲醇固定好的涂片上，滴加适量的（足够覆盖涂抹物即可）亚甲蓝染色液，经1~2min，水洗、沥去多余的水分，滤纸吸干或自然干燥后镜检。

工作程序	操作要求
瑞氏染色法	（1）此法无须事先固定，瑞氏染液兼有化学固定作用。滴加染色液前，用油性的玻璃铅笔在已经干燥的菌膜材料周围画一个较大的完整的框，防止染色液漫至整块玻片。在框内滴加瑞氏染色液，为了避免很快变干，染色液可稍多加些，或者看情况滴加，染 $1 \sim 3 min$。 （2）再加上与染液等量的磷酸盐缓冲液（KH_2PO_4 6.63g、无水 Na_2HPO_4 2.6g、蒸馏水 1 000mL）或中性蒸馏水，轻轻晃动玻片或用洗耳球吹气，使之与染色液混匀，经 $3 \sim 5 min$，使表面显金属闪光。 （3）带染料水洗（注意：切不可先将染液倾去，以免在玻片上出现染料沉渣）、干燥、镜检。 （4）结果。细菌染成蓝色，组织、细胞（细胞核蓝色、细胞质粉红色）等物呈其他颜色。
吉姆萨氏染色法	（1）将甲醇固定的涂片浸于盛有已稀释的染色液缸中（取吉姆萨染液 10 滴加于 10mL 蒸馏水中即可，所用蒸馏水必须为中性或弱酸性，必要时可加1%碳酸钾溶液 1 滴于水中，使其变成弱碱性）染色 30min 至 2h。 （2）取出水洗，吸干或烘干、镜检。 （3）结果。细菌呈蓝青色，组织、细胞等呈其他颜色。视野常呈淡红色。
结果绘图	将显微镜下看到的细菌的形态特征在报告纸上绘制出来，要求只绘制所观察的细菌，包括细菌的形态、相对大小、染色特征、细菌之间的排列方式，细菌着色的部分用实心的方式表示。

【考核评价】

评价类别	项目	子项目	个人评价	组内互评	教师评价
专业能力 （60%）	资讯（5%）	收集信息（3%）			
		引导问题回答（2%）			
	计划（5%）	计划可执行度（3%）			
		设备材料工具、量具安排（2%）			

评价类别	项目	子项目	个人评价	组内互评	教师评价
专业能力（60%）	实施（25%）	工作步骤执行（5%）			
		功能实现（5%）			
		质量管理（5%）			
		安全保护（5%）			
		环境保护（5%）			
	检查（5%）	全面性、准确性（3%）			
		异常情况排除（2%）			
	过程（5%）	使用工具、量具规范性（3%）			
		操作过程规范性（2%）			
	结果（10%）	结果质量（10%）			
	实验报告（5%）	完成质量（5%）			
社会能力（20%）	团结协作（10%）	小组成员合作良好（5%）			
		对小组的贡献（5%）			
	敬业精神（10%）	学习纪律性（5%）			
		爱岗敬业、吃苦耐劳精神（5%）			
方法能力（20%）	计划能力（10%）	考虑全面（5%）			
		细致有序（5%）			
	实施能力（10%）	方法正确（5%）			
		选择合理（5%）			
评价评语	评语： 组长签字：　　　　　　教师签字： 　　　　　　　　　　　年　　月　　日				

【思考题】

（1）制备细菌染色标本时，尤其应注意哪些环节？

（2）为什么要求涂片制作完全干燥后才能用油镜观察？

（3）如果涂片未经固定，将出现什么问题？如果加热温度过高，时间太长，又会怎样呢？

（4）细菌染色时，为什么特别强调菌龄不能太老，用老龄细菌染色会出现什么问题？

（5）革兰氏染色时，乙醇脱色后复染之前，革兰氏阳性菌和革兰氏阴性菌应分别是什么颜色？

（6）为什么瑞氏染色过程中强调要带染料冲洗玻片？

任务二　微生物细胞形态及菌落特征观察

【任务目标】

（1）通过教师讲解、多媒体图片资料示范，学生操作，熟练掌握各种细菌形态特征观察识别方法。

（2）通过学生对细菌在固体培养物表面生长特性观察，熟练掌握细菌菌落观察方法、能准确描述不同菌落形态特征。

【任务描述】

1. 工作任务

（1）通过标本片观察细菌的基本形态（单个细菌相对大小、形状、细菌间排列方式等）。

（2）通过标本片观察细菌的特殊构造（芽孢、荚膜、鞭毛）。

（3）通过细菌分离培养物观察细菌菌落特征。

2. 主要工作内容

（1）各种具有代表性细菌标本片准备。

（2）掌握细菌材料的来源应是取用对数期至稳定期中期前原则。

（3）掌握常见动物微生物菌落形态特点。

（4）掌握微生物操作的无菌原则。

【任务要求】

1. 知识技能要求

（1）能正确熟练使用显微镜油镜，熟悉显微镜维护保养要求。

（2）熟悉细菌基本结构、特殊构造。

（3）熟悉常见动物微生物的大小、形态、染色特征等知识点。

（4）正确理解菌落概念，能区分菌落与菌苔。

2. 实习安全要求

熟悉实验室常用的各种消毒灭菌方法。在进行微生物材料操作时，要严格按照规定进行操作，注意安全，防止病原微生物扩散。同时，操作人员也要做好个人安全防护。

3. 职业行为要求

（1）实验材料要准备充足，操作开始前逐一核对。

（2）实习服装要着装整齐，穿工作服，戴医用手套。

（3）实验过程中严格遵守生物安全相关法规，微生物材料、用品按要求处理。

（4）遵守课堂纪律，具有团结合作精神。

【训练材料】

1. 标本片

金黄色葡萄球菌、枯草芽孢杆菌、大肠杆菌、沙门菌、乳酸链球菌、乳酸链杆菌、炭疽杆菌等染色玻片标本。

2. 细菌培养物

大肠杆菌、沙门菌、炭疽杆菌的营养琼脂平板培养物，巴氏杆菌、猪丹毒杆菌、猪链球菌的鲜血琼脂培养基平板培养物。

3. 溶液或试剂

香柏油、二甲苯。

4. 仪器或其他用具

显微镜、放大镜、擦镜纸等。

【操作训练】

微生物细胞形态、菌落形态观察与操作要求如下。

工作程序	操作要求
细菌的基本形态观察	在显微镜油镜下观察金黄色葡萄球菌、枯草芽孢杆菌、大肠杆菌、沙门菌、乳酸链球菌、乳酸链杆菌、炭疽杆菌等染色玻片标本。注意各种细菌的基本形态（球状、杆状、螺旋状、两端钝圆、梭状、平截等）、排列方式（链状、葡萄状等）以及相对大小。

工作程序	操作要求
细菌特殊构造观察	在显微镜油镜下观察炭疽杆菌的荚膜、炭疽杆菌的芽孢、枯草芽孢杆菌的芽孢、细菌鞭毛等染色玻片标本。 （1）荚膜。注意荚膜的位置、形状、厚薄及相互间的连接。 （2）芽孢。注意芽孢的形状、与菌体的相对大小、在菌体中的相对位置（中央、偏端、末端）。 （3）鞭毛。注意鞭毛的形状、长度、数目以及在菌体上的排列（单毛、丛毛、周毛）。
其他原核微生物形态的观察	（1）钩端螺旋体。取钩端螺旋体镀银染色或吉姆萨染色标本片，油镜观察其各种外形和两端的钩状。或取活的无毒培养物制成悬滴标本片在暗视野显微镜下观察，注意其运动特征。 （2）支原体。用油镜观察支原体吉姆萨染色标本片，注意其多形态的特征。
菌落形态特征的观察	取大肠杆菌、沙门菌、炭疽杆菌的营养琼脂平板培养物，巴氏杆菌、猪丹毒杆菌、猪链球菌的鲜血琼脂培养基平板培养物，分别观察其菌落形态特征。注意菌落的大小、形状、边缘、表面性状、隆起度、表面性状、颜色、透明度、硬度等。 注意观察血液琼脂平板培养物中菌落周围是否形成溶血环，溶血环的特征（α-溶血、β-溶血）等。
结果绘图	将显微镜下看到的细菌的形态特征在报告纸上绘制出来，要求只绘制所观察的细菌，包括细菌的形态、相对大小、染色特征、细菌之间的排列方式，细菌着色的部分用实心的方式表示。

【考核评价】

评价类别	项目	子项目	个人评价	组内互评	教师评价
专业能力（60%）	资讯（5%）	收集信息（3%）			
		引导问题回答（2%）			
	计划（5%）	计划可执行度（3%）			
		设备材料工具、量具安排（2%）			

评价类别	项目	子项目	个人评价	组内互评	教师评价
专业能力（60%）	实施（25%）	工作步骤执行（5%）			
		功能实现（5%）			
		质量管理（5%）			
		安全保护（5%）			
		环境保护（5%）			
	检查（5%）	全面性、准确性（3%）			
		异常情况排除（2%）			
	过程（5%）	使用工具、量具规范性（3%）			
		操作过程规范性（2%）			
	结果（10%）	结果质量（10%）			
	实验报告（5%）	完成质量（5%）			
社会能力（20%）	团结协作(10%)	小组成员合作良好（5%）			
		对小组的贡献（5%）			
	敬业精神(10%)	学习纪律性（5%）			
		爱岗敬业、吃苦耐劳精神（5%）			
方法能力（20%）	计划能力(10%)	考虑全面（5%）			
		细致有序（5%）			
	实施能力(10%)	方法正确（5%）			
		选择合理（5%）			
评价评语	评语： 组长签字：　　　　　　教师签字： 　　　　　　　　　　　年　　月　　日				

【思考题】

（1）绘制所观察细菌的基本形态、特殊构造，注意其基本形态、排列方式以及不同细菌间的相对大小，注明其染色特征、放大倍数等。

（2）列表比较不同细菌菌落形态特征。

（3）细菌的排列方式是如何形成的？对细菌的鉴定有何意义？

（4）固体培养基表面观察到的单菌落，一定是某个细菌的克隆吗？

任务三　微生物的分离、纯培养与菌种保藏

【任务目标】

（1）通过教师讲解、操作示范，学生操作实训，熟练掌握各种微生物的分离与纯培养方法。

（2）通过教师讲解、多媒体资料播放，了解菌种保藏的原则和常用方法。掌握 2～3 种菌种保藏操作方法及要领。

【任务描述】

1. 工作任务

（1）学会 2 种细菌分离培养操作法。

（2）学会常用微生物纯培养培养操作法。

（3）掌握 2~3 种菌种保藏方法。

2. 主要工作内容

（1）各种具有代表性微生物菌种准备。

（2）熟悉超净工作台的使用方法。

（3）掌握微生物操作的无菌原则。

【任务要求】

1. 知识技能要求

（1）能正确熟练使用超净工作台、酒精灯、接种环等设备和工具进行无菌操作。

（2）熟悉不同微生物营养需要，熟悉常见培养基制备与灭菌方法。

2. 实习安全要求

在进行微生物材料操作时，要严格按照规定进行操作，注意安全，防止病原微生物扩散。同时，操作人员也要做好个人安全防护。熟悉实验室常用的各种消毒灭菌方法。

3. 职业行为要求

（1）实验材料要准备充足，操作开始前逐一核对。

（2）实习服装要着装整齐，穿工作服，戴医用手套。

（3）实验过程中严格遵守生物安全相关法规，微生物材料、用品按要求处理。

（4）遵守课堂纪律，具有团结合作精神。

【训练材料】

1. 菌种

（1）米曲霉（*Aspergillus oryzae*）、枯草芽孢杆菌、金黄色葡萄球菌、白地霉、蕈状芽孢杆菌、黏质沙雷菌、大肠杆菌、假单胞菌、灰色链霉菌、酿酒酵母、产黄霉菌。

（2）葡萄球菌、炭疽杆菌、巴氏杆菌、猪丹毒杆菌的普通平板或鲜血（血清）平板、斜面、琼脂穿刺及明胶穿刺培养物。

（3）马链球菌马亚种（铜绿假单胞菌、葡萄球菌、大肠杆菌、炭疽杆菌的肉汤培养物、厌氧梭菌的熟肉培养基培养物）。

（4）大肠杆菌、葡萄球菌的半固体穿刺培养物。

2. 培养基

淀粉琼脂培养基（高氏Ⅰ号培养基）、牛肉膏蛋白胨琼脂培养基、马丁氏琼脂培养基、查氏琼脂培养基、肉汤培养基、马铃薯培养基、麦芽汁酵母膏培养基。

3. 溶液或试剂

10%酚溶液、装有9mL无菌水的试管、装有90mL无菌水并带有玻璃珠的三角瓶、4%水琼脂、液体石蜡、甘油、五氧化二磷、河沙、黄土或红土、95%乙醇、10%盐酸、无水氯化钙、食盐、干冰。

4. 仪器或其他用具

无菌玻璃涂棒、无菌吸管、接种环、无菌培养皿、链霉素、土样、显微镜、血细胞计数板、无菌滴管、冻干管、安瓿管、40目与100目筛子、油纸、滤纸条（0.5cm×1.2cm）、干燥器、真空泵、真空压力表、喷灯、"L"形五通管、冰箱、低温水箱（-30℃）、超低温冰箱和液氧罐等。

【操作训练】

微生物分离、纯培养、菌种保藏方法与操作要求如下。

工作程序	操作要求
稀释涂布平板法分离微生物	（1）倒平板。将牛肉膏蛋白胨琼脂培养基、高氏Ⅰ号琼脂培养基、马丁氏琼脂培养基加热融化，待冷至55~60℃时，高氏Ⅰ号琼脂培养基中加入10%酚溶液数滴，马丁氏培养中加入链霉素溶液（母浓度为30μg/mL），混均匀后分别倒入培养皿中，每种培养基倒3个培养皿。

工作程序	操作要求
稀释涂布平板法分离微生物	倒平板的方法：右手持盛培养基的试管或三角瓶置火焰旁边，用左手将试管塞或瓶塞轻轻地拔出，试管或瓶口保持对着火焰，然后用右手手撑边缘或小指与无名指夹住管（瓶）塞（也可将试管塞或瓶塞放在左手边缘或小指与无名指之间夹住。如果试管内或三角瓶内的培养基一次用完，管塞或瓶塞则不必夹在手中）。左手拿培养皿并将皿盖在火焰附近打开一缝，迅速倒入培养基约15mL，加盖后轻轻摇动培养皿，使培养基均匀分布在培养皿底部，然后平置于桌面上，冷却凝固后即为平板。 （2）制备样品稀释液。取待试样品（固体1g或液体1mL），放入盛9mL无菌不并带有玻璃珠的三角烧瓶中，充分振摇溶解（混匀），此为1：10稀释液，静置取上清液1mL，加入盛有9mL无菌水的大试管中充分混匀，然后用无菌吸管从此试管中吸取1mL加入另一盛有9mL无菌水的试管中，混合均匀，以此类推制成10-1、10-2、10-3、10-4，10-5、10-6不同稀释度的溶液。 （3）平板涂布。在相应的已经制备好的培养基平板底面分别记号写上10-4、10-5、10-6三种稀释度，然后用无菌吸管分别由10-4、10-5、10-6三管样品稀释液中各吸取0.1mL对号放入已写好稀释度的平板中，用无菌玻璃涂棒在培养基表面轻轻地涂布均匀，室温下静置5~10min，使菌液吸附进培养基。 涂布操作方法：将0.1mL菌悬液小心地滴在平板培养基表面中央位置（0.1mL的菌液要全部滴在培养基上，若吸移管尖端有剩余的，需将吸移管在培养基表面上轻轻地按一下便可）。右手拿无菌涂棒平放在平板培养基表面上，将菌悬液先沿一条直线轻轻地来回推动，使之分布均匀，然后改变方向沿另一垂直线来回推动，平板内边缘处可改变方向用涂棒再涂布几次。 （4）培养。将高氏I号培养基平板和马丁氏培养基平板倒置于28℃温室中培养3~5d，肉膏蛋白胨平板倒置于37℃温室中培养2~3d。 （5）挑菌落。将培养后长出的单个菌落分别挑取少许细胞接种到上述三种培养基的斜面上，分别置28℃和37℃温室培养，待菌苔长出后，检查其特征是否一致，同时将细胞涂片染色后用显微镜检查是否为单一的微生物。若发现有杂菌，需再一次进行分离、纯化，直到获得纯培养。
平板划线分离微生物法	（1）倒平板。按稀释涂布平板法倒平板，并用记号笔标明培养基名称、土样编号和实验日期。 （2）划线。在近火焰处，左手拿皿底，右手拿接种环，挑取上述10-1浓度的稀释液一环在平板上划线。划线的方法很多，但无论采用哪种方法，其目的都是通过划线将样品在平板上进行稀

工作程序	操作要求
平板划线分离微生物法	释，使之形成单个菌落。常用的划线方法有下列 2 种。①用接种环以无菌操作挑取土壤悬液一环，先在平板培养基的一边作第 1 次平行画线 3~4 条，再转动培养皿约 70°，并将接种环上剩余物烧掉，待冷却后通过第 1 次画线部分作第 2 次子行画线，再用同样的方法通过第 2 次画线部分作第 3 次画线和通过第 3 次平行画线部分作第 4 次子行画线。画线完毕后，盖上培养皿盖；倒置于温室培养。②将挑取有样品的接种环在平板培养基上作连续画线。画线完毕后，盖上培养皿盖，倒置于温室培养。 （3）挑菌落。同稀释涂布平板法，一直到分离的微生物纯化为止。 （4）琼脂平板上的生长表现。细菌在固体培养基表面生长繁殖，可形成肉眼可见的菌落。各种细菌的菌落，按其特征的不同，可以在一定程度上进行鉴别（参见项目四的任务二 微生物细胞形态及菌落特征观察）。例如，葡萄球菌在琼脂平皿上，由于产生色素的不同，形成各种颜色的圆形而突起的菌落；炭疽杆菌形成扁平、干燥、边缘不单齐的波纹状菌落，用放大镜观察时，呈卷发样；肠道杆菌属的细菌，形成圆形、湿润、黏稠、扁平、大小不等的菌落；巴氏杆菌和猪丹毒杆菌，形成细小露珠状菌落。菌落的观察方法除肉眼外，可用放大镜，必要时也可用低倍显微镜进行检查。若是鲜血琼脂平皿，应看其是否溶血，溶血情况怎样。
斜面接种培养	（1）在肉膏蛋白胨斜面试管上用记号笔标明待接种的菌种名称、菌株号、日期和接种者。 （2）点燃酒精灯。 （3）将菌种试管和接待种的斜面试管，用大拇指和食指、中指、无名指握在左手中，试管底部放在手掌内并将中指夹在两试管中间，使斜面向上成水平状态，在火焰边用右手松动试管塞以利于接种进拔出。 （4）右手拿接种环通过火焰烧灼灭菌，在火焰边用右手的小指和无名指分别夹持棉塞将其取出，并迅速烧灼管口。 取试管塞时要缓慢拔出，过紧时可事先轻轻转动使试管塞松动在拔出，不宜用力过猛。 （5）将灭菌的接种环伸入菌种试管内，先将接种环接触试管内壁或未长菌的培养基，使接种环的温度下降达到冷却的目的，然后再挑取少许菌苔。将接种环退出菌种试管，迅速伸入待接种的斜面试管，用环在斜面上自试管底部向上端轻轻地画一直线。所画直线尽可能直，切莫画几条线或蛇形，不要将培养基划破，也不要使接种环接触管壁或管口。

工作程序	操作要求
斜面接种培养	（6）接种环退出斜面试管，再用火焰烧灼管口，并在火焰边将试管塞上。将接种环逐渐接近火焰再烧灼，如果接种环上沾的菌体较多时，应先将环在火焰边烤干，然后烧灼，以免未烧死的菌种飞溅出污染环境，接种病原菌时更要注意此点。 （7）细菌在琼脂斜面上生长表现。按照上述操作方法，将各种细菌分别以接种针直线接种于琼脂斜面上，置于适宜的温度气体条件下培养2~3d后观察其生长表现。
穿刺接种培养	（1）用接种针下端挑取菌种（接种针必须挺直），自半固体培养基的中心垂直刺入半固体培养中，直至接近试管底部，但不要穿透，然后沿原穿刺线将针退出，塞上试管塞，烧灼接种针。 （2）琼脂柱穿刺培养中的生长表现。将各种细菌分别以接种针穿刺接种于琼脂柱中，培养后观察其生长表现。 （3）细菌在明胶穿刺培养中的生长表现。取大肠杆菌、枯草芽孢杆菌和其他多种细菌分别以接种针穿刺接种于明胶柱，置22℃温箱中培养后观察其液化与否和液化的情况。
液体培养基接种培养	（1）向肉膏蛋白胨液体培养基中接种少量菌体时，其操作步骤基本与斜面接种法相同，不同之处是挑取菌苔的接种环放入液体培养基试管后，应在液体表面处的管内壁上轻轻摩擦，使菌体分散从环上脱开，进入液体培养基，塞好试管塞后摇动试管，使菌体在培养液中分布均匀。 （2）若向液体培养基中接种量大或要求定量接种时，可先将无菌水或液体培养基加入菌种试管，用接种环将菌苔刮下制成菌悬液（刮菌苔时要逐步从上向下将菌苔洗下），用手或振荡器振匀。再将菌悬液用塞有过滤棉花的无菌吸管定量吸出后加入，或直接倒入液体培养基。如果菌种为液体培养物，则可用无菌吸管定量吸出后加入或直接倒入液体培养基。整个接种过程都要求无菌操作，将接种后的液体培养基放置28~30℃温室培养2~3d后取出观察结果。 （3）细菌在液体培养基中的生长表现。①肉汤中生长表现。将马链球菌马亚种、铜绿假单胞菌、葡萄球菌、大肠杆菌、炭疽杆菌等分别接种于肉汤中，培养后观察其生长情况，注意其浑浊度、沉淀物、菌膜、菌环和颜色等。细菌在肉汤中所形成的沉淀有颗粒状沉淀、黏稠沉淀、絮状沉淀、小块状沉淀。另外，还有不生成沉淀的菌种。②细菌在熟肉培养基中生长表现。取各种厌氧梭菌分别接种于熟肉培养基中，培养后观察其生长表现，注意其浑浊度、沉淀、碎肉的颜色和碎肉块被消化的情况。

工作程序	操作要求
液体培养基接种培养	检测微生物的培养特征时，接种和培养过程中必须保证不被其他微生物所污染，因此，除工作环境要求尽可能地避免或减少杂菌污染外，熟练地掌握各种无菌操作接种技术是很重要的。
斜面法保存菌种	将菌种转接在适宜的固体斜面培养基上，待其充分生长后，用油纸将棉塞部分包扎好（斜面试管用带盖的螺旋试管为宜。这样培养基不易干，且螺旋帽不易长霉，如用棉塞，塞子要求比较干燥），置 4℃ 冰箱中保藏。 　　保藏时间依微生物的种类各异。霉菌、放线菌及有芽孢的细菌保存 2~4 个月移种 1 次，普通细菌最好每月移种 1 次，假单胞菌 2 周传代 1 次，酵母菌间隔 2 个月传代 1 次。 　　此法操作简单、使用方便、不需特殊设备，能随时检查所保藏的菌株是否死亡，变异与污染杂菌等。缺点是保藏时间短、需定期传代，且易被污染，菌种的主要特性容易改变。
冷冻真空干燥法保藏菌种	（1）冻干管的准备。选用中性硬质玻璃，95 号材料为宜，内径约 50nm，长约 15cm，冻干管的洗涤按新购玻璃品洗净，烘干后塞上棉花。可将保藏编号、日期等打印在纸上，剪成小条，装入冻干管。121℃ 灭菌 30min。 　　（2）菌种培养。将要保藏的菌种接入斜面培养，产芽孢的细菌培养至芽孢从菌体脱落或产孢子的放线菌、霉菌至孢子丰满。 　　（3）保护剂的配制。选用适宜的保护剂按使用浓度配制后灭菌，随机抽样培养后进行无菌检查（同滤纸法保护剂的无菌检查），确认无菌后才能使用。糖类物质需用过滤器除菌，脱脂牛奶 112℃，灭菌 25min。 　　（4）菌悬液的制备。吸 2~3mL 保护剂加入新鲜斜面菌种试管，用接种环将菌苔或孢子洗下振荡，制成菌悬液，真菌菌悬液则需置 4℃ 平衡 20~30min。 　　（5）分装样品。用无菌毛细滴管吸取菌悬液加入冻干管，每管约装 0.2mL。最后在几支冻干管中分别装入 0.2mL、0.4mL 蒸馏水作对照。 　　（6）预冻。用程序控制温度仪进行分级降温。不同的微生物其最佳降温度率有所差异，一般由室温快速降温至 4℃，4~40℃ 每分钟降低 1℃，40~60℃ 以下每分钟降低 5℃。条件不具备者，可以使用冰箱逐步降温。从室温→4℃→-12℃（三星级冰箱为-18℃）→-30℃→-70℃，也可用盐冰、干冰替代。 　　（7）冷冻真空干燥。启动冷冻真空干燥机制冷系统。当温度下降到-50℃ 以下时，将冻结好的样品迅速放入冻干机钟罩内，启动真空泵抽气直至样品干燥。

工作程序	操作要求
冷冻真空干燥法保藏菌种	样品干燥的程度对菌种保藏的时间影响很大。一般要求样品的含水量为1%~3%。判断方法有2种。①外观。样品表面出现裂痕，与冻干管内壁有脱落现象，对照管完全干燥。②指示剂。用3%的氯化钴水溶液分装冻干管，当溶液的颜色由红变浅蓝后，再抽同样长的时间便可。 （8）取出样品。先关真空泵、再关制冷机，打开进气阀使钟罩内真空度逐渐下降，直至与室内气压相等后打开钟罩，取出样品。先取几只冻干管在桌面上轻敲几下，样品很快疏散，说明干燥程度达到要求。若用力敲，样品不与内壁脱开，也不松散，则需继续冷冻真空干燥，此时样品不需事先预冻。 （9）第2次干燥。将已干燥的样品管分别安在歧形管上，启动真空泵，进行第2次干燥。 （10）熔封。用高频电火花真空检测仪检测冻干管内的真空程度。当检测仪将要触及冻干管时，发出蓝色电光说明管内的真空度很好，便在火焰下（氧气与煤气混合调节，或用酒精喷灯熔封冻干管）。 （11）存活性检测。每个菌株取1支冻干管及时进行存活检测。打开冻干管，加入0.2mL无菌水，用毛细滴管吹打几次，沉淀物溶解后（丝状真菌、酵母菌则需要置室温平衡30~60min），转入适宜的培养基培养，根据生长状况确定其存活性，或用平板计数法或死活染色方法确定存活率，如需要可测定其特性。 （12）保存。置4℃或室温保藏（前者为宜）。隔时进行检测。 该方法是菌种保藏的主要方法，对大多数微生物较为适合，效果较好，保藏时间依不同的菌种而定，有的为几年，有的为30多年。 取用冻干管时，先用75%乙醇将冻干管外壁擦干净，再用砂轮或锉刀在冻干管上端画一小痕迹，然后将所画之处向外，两手握住冻干管的上下两端稍向外用力便可打开冻干管，或将冻干管近口烧热，在热处滴几滴水，使之破裂，再用镊子敲开。
液氮法保藏菌种	（1）安瓿管的准备。用于液氮保藏的安瓿管要求既能经121℃高温灭菌又能在-196℃低温长期存放，现已普遍使用聚丙烯塑料制成带有螺旋帽和垫圈的安瓿管，容量为2mL。用自来水洗净后，经蒸馏水冲洗多次，烘干，121℃灭菌30min。 （2）保护剂的准备。配制10%~20%的甘油，121℃灭菌30min。使用前随机抽样进行无菌检查。 （3）菌悬液的制备。取新鲜的培养健壮的斜面菌种加入2~3mL保护剂，用接种环将菌苔洗下振荡、制成菌悬液。 （4）分装样品。用记号笔在安瓿管上注明标号，用无菌吸管吸取菌悬液，加入安瓿管中，每只管加0.5mL菌悬液。拧紧螺旋帽。

工作程序	操作要求
液氮法 保藏菌种	如果安瓿管的垫圈或螺旋帽封闭不严，液氮罐中液氮进入管内，取出安瓿管时，会发生爆炸，因此密封安瓿管十分重要，需特别细致。 　（5）预冻。先将分装好的安瓿管置4℃冰箱中放30min后转入冰箱上格－18℃处放置20~30min，再置－30℃低温冰箱或冷柜20min后，快速转入－70℃超低温冰箱（可根据实验室的条件采用不同的预冻方式，如用程序控制降温仪、干冰、盐冰等）。 　（6）保存。经－70℃、1h冻结，将安瓿管快速转入液氮罐液相中，并记录菌种在液氮罐中存放的位置与安瓿管数。 　（7）解冻。需使用样品时，戴上棉手套，从液氮罐中取出安瓿管，用镊子夹住安瓿管上端迅速放入37℃水浴锅中摇动1~2min，样品很快融化。然后用无菌吸管取出菌悬液加入适宜的培养基中保温培养便可。
核酸的 保存方法	DNA和RNA常采用以下方法保存。 　（1）以溶液形式置低温保存。DNA溶于无菌TE缓冲液（10mmol/L Tris·HCl，1mmol/L EDTA，pH值为8.0）中，其中EDTA的作用是螯合溶液中二价金属离子，从而抑制DNA酶的活性（Mg^{2+}是DNA酶的激活剂）。TE的pH值为8.0是为了减少DNA的脱氨反应。哺乳动物细胞DNA的长期保存，可在DNA样品中加入1滴氯仿，避免细菌和核酸酶的污染。 　RNA一般溶于无菌0.3mol/L醋酸钠（pH值为5.2）或无菌双蒸馏水中，也可在RNA溶液中加1滴0.3mol/L VRC（氧钒核糖核苷复合物），其作用是抑制RNase的降解。核酸分子溶于合适的溶液后置4℃、－20℃或－70℃条件下存放。4℃条件下样品可保存6个月左右，－70℃条件下则可存放5年以上。 　（2）以沉淀的形式置低温保存。乙醇是核酸分子有效的沉淀剂。将提纯的DNA或RNA样品加入乙醇使之沉淀，离心后去上清液，再加入乙醇，置4℃或－20℃可存放数年，而且还可以在常温状态下运输。 　（3）以干燥的形式保存。将核酸溶液按一定的量分装于EP管中，置低温（盐冰、干冰。低温冰箱均可）预冻，然后在低温状态下真空干燥，置4℃可存放数年。取用时只需要加入适量的无菌双蒸馏水，待DNA或RNA溶解后便可使用。

【考核评价】

评价类别	项目	子项目	个人评价	组内互评	教师评价
专业能力（60%）	资讯（5%）	收集信息（3%）			
		引导问题回答（2%）			
	计划（5%）	计划可执行度（3%）			
		设备材料工具、量具安排（2%）			
	实施（25%）	工作步骤执行（5%）			
		功能实现（5%）			
		质量管理（5%）			
		安全保护（5%）			
		环境保护（5%）			
	检查（5%）	全面性、准确性（3%）			
		异常情况排除（2%）			
	过程（5%）	使用工具、量具规范性（3%）			
		操作过程规范性（2%）			
	结果（10%）	结果质量（10%）			
	实验报告（5%）	完成质量（5%）			
社会能力（20%）	团结协作（10%）	小组成员合作良好（5%）			
		对小组的贡献（5%）			
	敬业精神（10%）	学习纪律性（5%）			
		爱岗敬业、吃苦耐劳精神（5%）			

评价类别	项目	子项目	个人评价	组内互评	教师评价
方法能力（20%）	计划能力（10%）	考虑全面（5%）			
		细致有序（5%）			
	实施能力（10%）	方法正确（5%）			
		选择合理（5%）			
评价评语	评语： 　　　组长签字：　　　　教师签字： 　　　　　　　　　　　　　年　　月　　日				

【思考题】

（1）描述供试细菌在不同培养基上生长表现、菌落形态特征。

（2）比较不同分离纯化细菌方法的优缺点。

（3）肉眼所见单菌落不一定是单个细菌克隆的纯培养物，如何确保得到单个细菌克隆的纯培养？

（4）液氮法冷冻菌种时，为什么要分段逐步降温，取出复苏却要快速解冻？

模块三　综合设计性实验

【学习目标】

本模块要求学生通过对综合设计性实验的界定、组织实施，掌握综合设计性实验的基本设计过程与方法，并能结合所学知识开展探索性科学问题。

【学习任务】

➢ 熟悉综合设计性实验的界定。

➢ 掌握综合设计性实验组织与实施。

实验教学是实现素质教育和创新人才培养目标，加强学生实践能力和创新能力培养的重要环节，综合性设计性实验是实验教学内容方法和手段改革的重要内容之一。在传统的实验教材中实验内容大多偏重于验证性实验，对每个实验的目的、仪器原理、实验内容、数据表格、数据处理都写得非常具体。教学方式一般也都是学生在实验前预习实验讲义在实验过程中按操作步骤逐步进行，留给学生分析思考的余地相对较少，学生基本上程序化将实验当作一种任务来完成实验过程。从某种意义上讲传统实验只是对前人知识的验证重复或再现。虽然这种实验对锻炼学生的动手能力和掌握基本仪器的使用方面以及加深对实验原理的理解方面有一定的作用，但对于培养学生综合分析问题和解决实际问题的能力方面是远远不够的。因此在以验证性实验的基础上，开设综合性设计性实验是新时期实验教学发展的趋势，也是提高学生动手能力，以及思维的有效途径，通过开设综合性、设计性实验项目可以实现以学生自我训练为主的教学模式，提高学生的创新思维和实际动手能力，培养学生实事求是的科学态度和勇于开拓的创新意识，充分调动学生学习的主动性、积极性和创造性。从而培养了学生的知识综合运用能力和创新能力，有利于专业类人才培养由知识型向能力型的转化由单纯操作训练向创新思维发展的转变。不但锻炼了学生的动手能力，又有利于团队合作精神的培养。

【综合设计性实验的界定】

综合性实验是指在学生具有一定基础知识和基本操作技能的基础上，考查学生运用本课程的综合知识或与本课程相关课程多个知识点构思实验，并对学生实验技能和实验方法进行综合训练的一种复合型实验，主要是培养学生的综合分析能力、实验动手能力、数据处理能力、查阅资料能力、运用多学科知识解决问题的能力。实验内容的综合性是综合性实验的重要特征，旨在培养学生对知识的综合能力和对综合知识的应用能力。对基础课而言，实验内容一般为涉及本课程的知识综合或系列课程知识综合，而专业课则常常涉及相关课程或多门课程的综合知识；实验方法的多元性是综合性实验的另一种体现，在同一个实验中，综合运用两种或两种以上的基本实验方法完成，培养学生运用不同的思维方式和不同的实验方法综合分析问题、解决问题，此类实验可根据各学科的具体情况视为综合性实验；实验手段的多样性，能综合运用两种或两种以上的实验手段完成同一个实验，培养学生从不同的角度，通过不同的手段分析问题、解决问题、掌握不同的实验技能，此类实验也可根据各学科的实际情况视为综合性实验。设计性实验是结合课程教学或独立于课程教学而进行的一种探索性实验。它不仅要求学生综合多门学科的知识和同课程运用多种实验原理、方法手段来设计实验方案，拟定实验步骤，加以实现并对实验结果进行分析处理的实验，要求学生能充分运用已学到的知识，去发现问题、分析问题、解决问题。

【综合设计性实验培养模式与基本要求】

1. 综合性实验培养模式与基本要求

综合性实验是指实验内容涉及本课程的多方面知识或与本课程相关课程知识的实验，其培养模式是在综合设计性实验项目的建设要求学生经过一个阶段的学习后具有一定的知识和技能的基础上能够运用某一门课程或多门课程的知识进行综合训练的一种复合型实验，综合性实验一般可以在一门课程的一个循环之后开设也可以在几门课程之后安排一次有一定规模的时间较长的实验。这种类型的综合性实验项目类似国内大学设立的大学生创新性实验项目，体现了多种课程知识、多种方法手段的融合特点。综合性实验的基本要求如下。

（1）教学目的。培养学生综合应用知识和技能解决问题的能力。

（2）实验设计。实验设计体现综合性内容，涉及一门课程的两个主要章节以上的多个知识点或两门以上相关课程的综合知识，学生需应用这些不同的知识和不同的技能方可完成。

（3）实验组织。学生在教师的指导下提前参考实验指导书及相关科技文献资料，熟练掌握实验所涉及的知识和技能。按指导书或参考文献，设计实验内容、实验方案，自主进行实验操作，观察实验现象，解决实验中出现的问题，分析和处理实验数据得出实验结果。教师可做必要的启发和指导，提出相应的建议与要求。

（4）实验报告。除一般实验报告的基本内容外重点突出对实验现象问题和结果的分析总结自己的收获体会和建议。

（5）实验效果。达到综合性实验的教学目的和实验大纲规定的教学目标。

2. 设计性实验培养模式与基本要求

设计性实验是指给定实验目的、要求和实验条件学生自己设计实验方案并加以实现的实验。其培养模式是在学生经过常规的基本实验训练以后开设的高层次实验，实验指导教师根据教学的要求提出实验目的和实验要求，并能够提供实验场地、实验仪器设备、器材与药品试剂等实验条件，由学生运用已掌握的基本知识、基本原理和实验技能，提出实验的具体方案拟定实验步骤选定仪器设备或器件试剂材料等，独立完成操作并记录实验数据绘制图表分析实验结果等，设计性实验是让学生自己选题或在教师的指导下选题，自己设计或在教师的指导下进行，最大限度发挥学生学习的主动性和创造性。设计性实验的基本要求如下。

（1）教学目的。培养学生创新精神和独立运用所学的知识和技能分析和解决问题的能力。

（2）实验设计。只给定实验目的要求和实验条件，不给出实验原理方法步骤及所用的仪器设备等。

（3）实验组织。根据设定的实验目的要求与实验条件，由学生根据所学的基本知识与技能，自主设计实验方案，即自行选择实验原理，确定实验方法和步骤，自行选用实验仪器设备，及其他必备条件。实验过程中，学生自己完成实验操作，观察实验现象，解决实验中出现的问题，进行数据分析和处理得出实验结论。教师可对学生的实验方案设计与实施给予必要的启发引导，提供实验条件，但不给予定向性或限制性指导。

（4）实验报告。除一般实验报告的基本内容外，应重点突出对实验方案的设计论证和实验方案实施中出现问题的分析，对实验结果与预期结果进行比较分析提出自己的见解，总结自己的收获和体会。

（5）实验效果。达到设计性实验的教学目的和实验大纲规定的教学目标。

【综合设计性实验项目的设计】

综合设计性实验题目的选择，在培养学生综合运用知识，创造性地解决问题，发挥学生的主动性、积极性和参与性等方面起着重要的作用。因为综合设计性实验是在学生掌握了基础的微生物实验技能后开设的，因此在拟订综合设计性题目时，遵循以下原则。

1. 可行性

即所选定的实验题目与学生的培养目标、学生的能力和实验室的条件等因素协调一致。

2. 综合性

由于学生的兴趣和能力水平存在个体差异，因此所拟订的综合设计性实验题目应采取渐进性、多样性和灵活性。既要考虑到与前面实验之间的联系性又要有一定的拓展性，给学生留有发挥潜能进行创造的空间。其中渐进性指的是所定的题目应先易后难，且难易适中。因为题目太容易会使学生失去探究的兴趣，而题目太难又可能使学生望而生畏、束手无策，二者都不利于调动学生进行科学研究的积极性。多样性和灵活性指的是实验题目的拟订类型应多种多样，考虑学生的兴趣特点，使学生可以灵活选择。

3. 安全性

实验实施过程中要考虑学生人身的安全，还要考虑仪器设备的安全，要尽量减少对周围环境的污染和破坏。

【综合设计性实验的组织与实施】

1. 综合设计性实验的组织

综合设计性实验的组织过程主要分为 3 个阶段：第一阶段根据教师所给的综合设计性实验题目，学生以小组为单位根据自己的爱好和兴趣选择实验题目；第二阶段学生通过查阅文献资料，写出实验方案，包括实验原理、实验方法和实验步骤；第三阶段是教师对学生提交的实验方案进行审阅，指出存在的问题，学生对实验方案进行重新调整。

2. 综合设计性实验的实施

实验实施阶段是综合设计实验的关键环节，由于综合性实验的知识覆盖面较广，操作步骤复杂，因此在综合性实验实施时，首先向学生进行实验安全教育，然后详细讲解实验所涉及的各种仪器的使用方法。在实验进行中，教师参与指导，对实验中出现的问题，教师不急于给出正确的答案，而是引导学生积极思考，通过小组讨论等方式加以解决，旨在培养学生处理问题和解决问题的能力，真正体现以学生为中心、由教师加以引导的综合设计性实验教学模式。实验结束后，学生对所得的实验结果和数据进行总结分析，得出实验结论，并通过下面的考核评价展示各小组的实验成果。

3. 综合设计性实验的考核评价

综合设计性实验的分数在实验课程考核成绩中占有一定的比例，为使综合设计实验的考核结果能客观、公正、真实地反映学生的实验态度、操作水平和学生的实验综合能力，所采取的是综合评价方式，即综合设计实验的成绩包括学生实验过程的表现（出勤率、态度等）、实验过程记录、设计性实验报告的撰写和个人实验总结等方面，教师根据学生提交的综合设计性实验报告，结合项目实施过程中的表现，综合评定实验成绩。

成绩的评定也可以成立成绩评定小组。小组成员由任课教师和学生代表组成（每小组出一名学生代表）。最终成绩为教师评定的成绩和学生评定的成绩的综合成绩。其中小组答辩过程采取的是首先由每组选派一名代表，在规定时间内宣讲实验过程，重点介绍本组的实验结果、分析和讨论，以及实验体会（经验、教训和注意事项等），然后是小组其他成员补充，最后是教师及其他组学生提问。这种成绩的评定方法更公开、透明，使学生在成绩评定过程中能更清楚自己的优缺点，对其综合实验能力的提高有很大的帮助。

综合设计性实验项目的组织实施主要是学生在教师指导下，围绕生命科学问题，自主命题，自主撰写开题报告，自主提出研究方案和技术路线，在通过教师审核或公开答辩后实施。教学目标是培养学生勇于探索、敢于创新的精神，使优秀学生脱颖而出。项目的设计应具有综合性，如设计生物大分子的分离纯化，可以先提出探索的题目，设计一个从动物肝组织中分离、提取、纯化和鉴定一种酶的技术路线。从题目出发提出问题，如何正确设计从生物样品中分离纯化生物大分子的技术路线和实施方案？再根据问题设计实验方案。

项目实施的主要内容：学生4人为1个课题组，围绕实验讨论与探索题目查文献，撰写报告和设计实验技术路线；以课题组为单位制作PPT课件；在实验课上，各课题组代表宣讲报告；由学生和教师针对课题组提出的报告进行提问，课题组集体进行答辩。

项目的特色：通过实验讨论部分的实施，归纳总结和加深学生对生物大分子分离纯化方法技术的掌握，提高他们实际应用的能力；通过实验探索部分的实施，使学生了解科学课题研究的基本程序，调动学生学习的积极性，提高他们的团队意识，培养他们创新的意识，独立分析、解决问题的能力。

项目一　组织机能综合性实验设计
——肌组织的显微结构观察

肌组织主要由具有收缩功能的肌细胞构成，主要功能是收缩使机体产生活动，或改变器官的形状。肌细胞间有少量结缔组织、血管、淋巴管及神经等。肌细胞平行排列，呈长纤维形，故又称肌纤维。过去将肌细胞膜称为肌膜，现在则将肌细胞膜和细胞外的基膜统称为肌膜，细胞质称为肌浆，其中的滑面内质网称肌浆网。

肌细胞的结构特点是在肌浆内有大量与肌纤维长轴平行排列的肌原纤维，它们是肌纤维舒缩功能的主要结构基础。根据结构和功能的特点，可将肌组织分为两类：横纹肌和平滑肌。横纹肌根据其所在位置又分为骨髓肌、内脏横纹肌（如舌、咽、食管上部及横膈等处）和心肌（仅限于心壁和大静脉至心脏的入口处）。平滑肌细胞无横纹，分布于内脏、血管，此外，皮肤的立毛肌和眼内部肌肉也属于平滑肌。骨髓肌的收缩受意识支配，称随意肌。心肌与平滑肌的收缩不受意识支配，称不随意肌，其收缩缓慢而持久，不易疲劳。

本实验设计主要以骨骼肌结构观察为主。骨骼肌借肌腱附着在骨骼上。分布于躯干和四肢的每块肌肉均由许多平行排列的骨骼肌纤维组成，其周围包裹着结缔组织。包在整块肌肉外面的结缔组织为肌外膜，是一层致密结缔组织膜，含有血管和神经，解剖学上称深筋膜。肌外膜的结缔组织以及血管和神经的分支伸入肌内，分隔和包围大小不等的肌束，形成肌束膜。包绕在每条肌纤维周围的网状纤维为肌内膜，肌内膜含有丰富的毛细血管及神经分支。各层结缔组织膜除有支持、连接、营养和保护肌组织的作用外，对单条肌纤维的活动，乃至对肌束和整块肌肉的肌纤维群体活动也起着调整和协助作用。

石蜡切片技术是研究组织学、胚胎学和病理学等学科最基本的方法。经处理的组织切片既易于观察、鉴别，又便于保存。通过制作骨骼肌石蜡切片，学生即可掌握骨骼肌的形态特点，又可真正掌握石蜡切片技术。制备步骤：从动物体取下小块组织，经固定、脱水、浸蜡、包埋和切片等处理，把要观察的组织或器官切成薄片，再经不同的染色方法，以显示组织的不同成分和细胞的形态。

【设计目的】

通过肌组织的显微结构观察实验，掌握骨骼肌的结构特点，了解其功能特点和收缩原理。熟练掌握石蜡切片技术，为今后实际工作和科学研究需要打好基础。

【设计内容】

采取小鼠骨骼肌，固定后，制作石蜡组织切片，以此掌握骨骼肌特点，重点是通过此实验，能够让学生掌握制作石蜡切片技术。

掌握光学显微镜的使用技能与方法。

学会生物绘图的基本技能与方法。

【训练材料】

1. 实验对象

健康小鼠 1 只。

2. 仪器与药品

（1）仪器。切片机和刀片、水浴锅、酒精灯、手术刀和刀片、单面刀片、手术剪、纱布、光学显微镜等。

（2）试剂药品。固定液、梯度酒精、二甲苯、石蜡、染料等。

【操作步骤】

（一）石蜡切片的制作

参照模块一中项目六 组织切片技术的石蜡切片制作方法。

（二）显微观察

1. 显微镜的提取和放置

显微镜是精密的光学仪器，从显微镜柜中取出时，一定要按操作规程进行，即一手握住镜臂，另一手托住镜座，严禁单手握住镜臂走动。显微镜使用前要平放于使用者前方偏左的位置上。用擦镜纸轻轻擦拭接目镜和接物镜，若有脏物，则用擦镜纸蘸少许二甲苯或无水乙醇擦拭干净，并用纱布擦拭显微镜的机械部分。

2. 显微镜的调整

接通电源，调整光强度，旋转物镜转换器，先把低倍接物镜对准载物台中央的通光孔（对正光轴），根据标本染色情况和选用不同放大倍率的接物镜，灵活应用亮度调节钮（反光镜）、聚光器和光阑，调节至视野完全照明、亮度均匀、光强适宜。

3. 观察切片

观察切片前，先用肉眼分辨切片的正反面，并大致观察标本的外形、大小和着色。将盖玻片朝上的切片放置于载物台上，置于标本推进器的两夹子间固定，并将组织块对准载物台中央的通光孔。

按照低倍镜、高倍镜顺序观察切片，低倍镜观察的范围大，便于观察组织的整体结构。高倍镜观察的范围小，放大的倍数高，适用于分辨骨骼肌组织的横纹、细胞核等微细结构。

（1）骨骼肌低倍镜观察内容。骨骼肌的纵切面上有许多平行排列着的圆柱状肌纤维，具有明暗相间的横纹，边缘有很多细胞核。横切面上可见肌纤维集聚成束，被切成许多圆形或多边形断面。无论纵切面或横切面的肌纤维周围都有疏松结缔组织包裹（肌内膜和肌束膜），结缔组织内含丰富的血管。

（2）骨骼肌高倍镜观察内容。在高倍镜下找出一条横纹清晰的肌纤维，在肌纤维膜下分布着一些椭圆形的细胞核，可以见到核仁。肌纤维内含有顺长轴平行排列的肌原纤维，很多肌原纤维上的明带（I 盘）和暗带（A 盘）相间排列，就形成了横纹。仔细观察在暗带中有一淡染的窄带为 H 带，H 带中央还有一细的 M 线。在一般光学显微镜下，M 线不能见到。在明带中央有一条隐约可见的 Z 线（间线），相邻两条 Z 线之间的一段肌原纤维，即为一个肌节。肌纤维的横切面上可见肌原纤维被切成点状或短杆状（斜切），有的均匀分布，有的则被肌浆分隔成一个个小区。在横切面上还可以见到少量位于周边的圆形细胞核。

4. 收藏

观察完毕后，移开物镜，取下切片，放入切片盒，下降镜筒。注意每次用完显微镜后应将亮度调节钮置于最暗的位置，然后关闭电源，装上塑料套。

（三）生物绘图

根据结构和功能的特点，横纹肌根据其所在位置又分为骨骼肌，内脏横纹肌（如舌、咽、食管上部及横膈等处）和心肌（仅限于心壁和大静脉至心脏的入口处）；绘制根据不同倍镜下观察肌组织的结构的组成特点的生物结构图。

【设计指标与要求】

（1）观察指标 1。肌组织的固定效果。

（2）观察指标 2。通过脱水、透明及包埋制作出的组织蜡块，浸蜡是否良好。

（3）观察指标 3。通过切片机切出的蜡带，肌组织的结构是否完整。

（4）观察指标 4。经染色、封片后，通过光学显微镜观察，骨骼肌肌纤维横纹是否正常、肌纤维之间间隙是否正常。

实验设计要点与注意事项如下。

关键步骤	技术要领	注意事项
取材与固定	提前配制标准的固定液。在小鼠放血致死后，立即采取骨骼肌，投入固定液中固定。	取材的大小，一般以不超过5mm为宜。
修组织块与冲洗	生鲜组织柔软，不易切成规整的块状。组织固定后因蛋白质凝固产生一定硬度，即可用单面刀片把组织块修整成所需要的大小。冲洗的目的在于把组织内的固定液除去，否则残留的固定液会妨碍染色，或产生沉淀，影响观察。甲醛固定的材料，常用自来水冲洗。	（1）修整组织块时，应使用锋利的刀片，以免破坏组织结构，增大组织间隙。 （2）冲洗时应将骨骼肌纵切、横断两种组织块分别包于纱布内，同时标记清楚，以免混淆。冲洗时间与固定时间相同。
脱水与透明	从70%乙醇开始脱水，经80%、90%、95%至无水乙醇逐级更换，最后完全把组织中水分置换出来。每级乙醇脱水时间约3h。组织块脱水后，须经二甲苯透明，使组织中的乙醇被透明剂所替代。	（1）脱水必须在有盖瓶内进行，高浓度乙醇很容易吸收空气中的水分，应定期更换。 （2）高浓度乙醇，尤其是无水乙醇能使组织变脆，故应控制在2h左右（即经二次无水乙醇，每次各1h）。
浸蜡与包埋	浸蜡需在温箱内进行，先将市售石蜡（熔点54~56℃）放入60℃温箱内熔化，再把透明好的组织块投入熔化的蜡中，经4~6次更换石蜡，每次30min，总浸蜡时间为2~3h，便可完全置换出组织内的二甲苯。 　　包埋先从温箱取出包埋用石蜡倒入包埋器中（勿外溢），再用温热镊子把浸好蜡的组织块迅速移入包埋器蜡中，用镊子放置好切面（切面朝下）和组织块间的距离，最后向蜡面吹气，待蜡面形成一层薄膜时，两手端平纸盒把柄，迅速浸入水中（或先把纸盒平移至水面再吹气亦可），待其完全凝固后取出待用。	（1）浸蜡时间不宜过长，否则会使组织变脆，难以切成薄片。 （2）包埋时切忌组织块暴露于空气中时间过长，否则组织表面的蜡凝固而影响切片。 （3）包埋时要注意骨骼肌纤维的走向，一般要包埋两个方向，即纵向和横断。

关键步骤	技术要领	注意事项
修蜡块和切片	把包有组织块的长条蜡块，用单面刀片分割成以组织块为中心的正方形或长方形，然后在蜡块底面（即切面）修成以组织块为中心、组织块边距为 2mm、高 3~5mm 的正方形或长方形蜡块，蜡块相对的两个边必须平行，否则切片不成规整的蜡带。 石蜡切片常用的是手摇切片机，把修整齐的蜡块先固着于木块上，或直接固定在金属台座上，再把磨锋利的切片刀固定于刀架上，最后把调整刻度指针定在所需求的厚度上，一般组织器官切片厚度为 5~7μm。松开转轮固定器，移动刀架，使刀口接近蜡块，即可进行连续切片。	切片刀与蜡块切面间的倾角以 5° 为宜，角度太小或太大均不能切成薄片。
展片与贴片	把从切片机上取下的蜡带，用单面刀片在两蜡片间分开，在涂有甘油蛋白的载玻片上，滴加 1~2 滴蒸馏水，用昆虫针、大头针或小镊子提取蜡片，置于 40℃ 水中展片，待蜡片的皱褶完全展平时，用载玻片捞取水中蜡片，并放入 40~45℃ 烘箱内烘干待用。	把蜡片直接置于 40℃ 水中展片时，勿使蜡片溶解。
染色	先配制 HE 染液，后把烘干经脱蜡后的切片浸于其中。 （1）苏木精染色。将获水后的切片置于 Delafield's 苏木精原液中，染 10~20min（染 5~10min 后可取样镜检，细胞核着蓝色，清晰可见即可）→自来水洗去残留染料→蒸馏水洗→70% 酸乙醇分色→自来水蓝化（30min 至数小时）→蒸馏水洗，待染伊红。 （2）伊红染色。从蒸馏水中取出切片，置于 70%、80%、90% 乙醇中逐级脱水各 7~10min→伊红染色液 1min→95% 乙醇Ⅰ、Ⅱ几秒~1min，除去残留染料及分色→无水乙醇Ⅰ、Ⅱ各 7~10min→二甲苯Ⅰ、Ⅱ透明各 10min。	（1）染色时间要根据组织切片的厚度相应调整，切片厚度大，时间缩短；相反，时间较长。 （2）70% 酸乙醇分色时，要严格控制时间，否则将导致完全脱色。

关键步骤	技术要领	注意事项
封片	从二甲苯Ⅱ中逐个取出载玻片，分辨出正面（有组织一面）和底面，用纱布迅速擦去组织切片周围和底面的二甲苯，然后向组织切片上滴加1~2滴树胶（封片剂）。用镊子夹取一干净盖玻片，倾斜地盖在树胶上即可。然后平放于木盒内，烘干或自然干燥均可。	在封片时，要注意将树胶与组织中的气泡挤出，否则影响观察。
显微镜观察	取出显微镜，用擦镜纸轻轻擦拭接目镜和接物镜。接通电源，调整光强度。 将盖玻片朝上的切片放置于载物台上，置于标本推进器的两夹子间固定，并将组织块对准载物台中央的通光孔。按照低倍镜、高倍镜顺序观察切片。	（1）观察标本时，首先在低倍镜下对焦至观察物像最清晰时为止，观察完切片一般结构后，需要进一步观察某一部分结构时，应将此部位移至视野中央，转换高倍镜观察，如图像不清晰时，只需稍调节细调节螺旋，即可看到清晰的物像。 （2）接物镜放大倍数越低，其工作距离（即接物镜前镜片与盖玻片上平面之间的距离）越长，接物镜放大倍数越高，其工作距离越短。所以使用高倍物镜时，应避免用粗调节螺旋调焦，以防压碎切片。

【项目报告与分析】

（1）显微镜观察骨骼肌切片，并绘制肌纤维的纵、横切面高倍镜图。

（2）分析成败原因。

【思考题】

（1）结合骨骼肌的结构特点，思考肌纤维的收缩原理。

（2）石蜡切片制作过程中，脱水和透明的原理是什么？

（3）组织切片经染色后，细胞核与细胞质为什么会呈现不同的颜色？

项目二　器官机能综合性实验设计
——肝脏碱性磷酸酶的制备与活力测定

　　酶是具有生物催化功能的大分子，在一定的条件下，酶可催化各种生化反应。酶的催化作用具有催化效率高，专一性强和作用条件温和等显著特点，所以酶在医药、食品、轻工、化工、环保、能源和生物工程等领域应用广泛。在应用中一般要先对酶的性质等进行研究，进行酶活力测定，研究抑制剂对酶活性的影响等。在抑制剂的作用下，酶的催化活性降低甚至丧失，从而影响酶的催化功能。抑制剂有可逆抑制剂和不可逆抑制剂之分。不可逆抑制剂与酶分子结合后，抑制剂难以除去，酶活性不能恢复。可逆抑制剂与酶的结合是可逆的，只要将抑制剂除去，酶活性即可恢复。根据可逆抑制剂作用的机制不同，酶的可逆抑制作用可以分为竞争性抑制、非竞争性抑制和反竞争性抑制三种。

　　酶活力测定的方法多种多样，有化学测定法、光学测定法、气体测定法等。对酶活力测定的要求是快速、简便、准确。酶活力测定通常包括连个阶段，首先在一定条件下，酶与底物反应一段时间，然后再测定反应液中底物或产物的变化量。而酶的活力高低，是以酶的单位数来表示的。1961 年国际生物化学与分子生物学联合会规定，在特定条件下（温度可采用 25℃，pH 值等条件均采用最适条件），每 1min 催化 0.001mol 的底物转化为产物的酶量定义为一个酶活力单位，这个称为国际单位。由于这个规定没有法律效力，所以在现实使用的酶活力单位多种多样。国际上另一个常用的酶活力单位是卡特（kat）。在特定条件下，每秒催化 1mol 底物转化为产物的酶量定义为 1 卡特。

　　碱性磷酸酶（Alkaline phosphatase，AP）是广泛分布于动物和人体全身组织的一类同工酶，从血清中可以分离到 7 种以上碱性磷酸酶的同工酶。碱性磷酸酶是分子生物技术中常用的工具酶之一，通常利用它催化核酸（DNA 或 RNA）分子脱掉 5′-磷酸产生 5′-OH；临床上，碱性磷酸酶是免疫诊断试剂产品中最常用的标记酶，血清碱性磷酸酶活性测定主要用于阻塞性黄疸、原发性肝癌、继发性肝癌、胆汁淤积性肝炎等疾病的检查。碱性磷酸酶作用于底物液中的磷酸苯二钠，使之水解释放出苯酚。苯酚在碱性条件下，经铁氰化钾催化，与 4-氨基安替比林（AAP）作用，生成红色醌类化合物，其最大吸收峰为 510nm。以苯酚作为标准，进行同样的处理，显色后在 510nm 波长处进行比色，可测知苯酚的生成量，从而计算出酶的活力单位。这个方法又称为 King 氏法。King 氏活力单位定义：以 37℃、15min 生成 1mg 苯酚为一个 King 氏单位。

【设计目的】

　　（1）通过该实验掌握蛋白质分离提取的一般流程和方法。
　　（2）掌握有机溶剂分级沉淀法分离蛋白质的原理和方法。

（3）掌握碱性磷酸化活力的测定方法。

（4）掌握 K_m 的概念和碱性磷酸酶 K_m 测定的方法。

【设计内容】

本实验采用有机溶剂分级沉淀法分离新鲜兔肝脏组织中的碱性磷酸酶并测定其分离纯化过程中各阶段样本的酶活性。

【训练材料】

1. 实验对象

新鲜肝脏。

2. 仪器与药品

（1）仪器。可见分光光度计、比色杯、电子天平、移液管、洗耳球、试管、量筒、玻璃匀浆器、剪刀、玻璃漏斗、离心机、离心管、恒温水浴锅、定性滤纸、冰箱。

（2）试剂药品。0.5mol/L 醋酸镁溶液，0.1mol/L 醋酸钠溶液，0.01mol/L 醋酸镁-0.01mol/L 醋酸钠溶液，0.01mol/L Tris-HCL 缓冲液（pH 值为 8.8），0.04mol/L 底物液，0.5mol/L NaOH 溶液，0.3%（m/V）4-氨基安替比林溶液（AAP），0.05%（m/V）铁氰化钾，0.01mg/mL 酚标准液，正丁醇，丙酮，95%乙醇。

【操作步骤】

1. 肝脏碱性磷酸酶的制备

以下操作均在 4~10℃ 下进行。

（1）材料预处理和匀浆。取新鲜兔肝脏组织 2g 用手术剪剪碎后转移到玻璃匀浆器中，加 0.01mol/L 醋酸镁-0.01mol/L 醋酸钠 2mL，充分匀浆，然后将匀浆转移到 10mL 离心管中，再用 0.01mol/L 醋酸镁-0.01mol/L 醋酸钠 4mL 分 2 次对玻璃匀浆器进行冲洗，冲洗液合并到离心管中，盖上离心管盖，上下颠倒充分混匀。

（2）抽提与过滤。向上述匀浆液中加入 2mL 正丁醇，上下颠倒充分混匀 2min。室温下静置 20min 之后，用滤纸过滤，将滤液置于新的离心管中，此溶液命名为 A 液。

（3）丙酮沉淀浓缩。准确量取 A 液 4mL，置于新的离心管中，加入 4mL 预冷过的丙酮，立即混匀（此时丙酮的饱和度为 50%），然后 2 000r/min 离心 5min，轻轻倒掉上清液，再向沉淀里加 0.5mol/L 醋酸镁 4mL，震荡使得沉淀充分溶解，此溶液命名为 B 液。

（4）乙醇分级沉淀。准确量取 B 液 4mL，置于新的离心管中，加入 1.84mL 预冷过的 95%乙醇，立即混匀（此时乙醇的浓度为 30%），然后 2 000r/min 离心 5min，将上清液轻轻转移到新的离心管中，弃去沉淀；取 4mL 上清液于新的离心管中，加入 3.44mL 预冷过的 95%乙醇，立即混匀（此时乙醇的浓度为 60%），然后 2 500r/min 离心 5min，轻轻倒掉上清液，再向沉淀里加 0.01mol/L 醋酸镁-0.01mol/L 醋酸钠溶液

4mL，震荡使得沉淀充分溶解，此溶液命名为 C 液。

（5）丙酮分级沉淀。准确量取 C 液 4mL，置于新的离心管中，加入 1.97mL 预冷过的丙酮，立即混匀（此时丙酮的浓度为 33%），然后 2 000r/min 离心 5min，将上清液轻轻转移到新的离心管中，弃去沉淀；取 4mL 上清液于新的离心管中，加入 1.36mL 预冷过的丙酮，立即混匀（此时乙醇的浓度为 50%），然后 3 800r/min 离心 15min，轻轻倒掉上清液，所得沉淀即为初步纯化的碱性磷酸酶。

（6）提取物的鉴定。给沉淀中加入 1mL Tris-HCL 缓冲液（pH 值为 8.8），充分震荡，使得沉淀溶解，此溶液命名为 D 液，同时另取一支新的离心管，加入 1mL 0.01mg/mL 酚标准液作为标准对照。给两支管中分别加入 1mL 0.04mol/L 底物液，37℃水浴 15min，再加入 0.5mol/L NaOH 溶液 1mL，0.3%（m/V）4-氨基安替比林溶液（AAP）1mL，0.05%（m/V）铁氰化钾 2mL，混匀，37℃水浴 10min，观察溶液颜色变化，并与标准管对照。如果样品管的颜色变红，提取物即为碱性磷酸酶，颜色越深，酶活力越高。

2. 碱性磷酸酶活力的测定

取干净的试管 3 支，按表 3-1 编号，并加入试剂。

表 3-1　碱性磷酸酶活力测定

（单位：mL）

试管号	空白管	标准管	样品管
0.04mol/L 底物液	1.0	1.0	1.0
摇匀，37℃准确保温 5min			
0.01mol/L Tris-HCL 缓冲液（pH 值为 8.8）	1.0	—	—
0.01mg/mL 酚标准液	—	1.0	—
样品酶液			1.0
摇匀，37℃准确保温 15min			
0.5mol/L NaOH 溶液 0.3%（m/V）4-氨基安替比林溶液（AAP）0.05%（m/V）铁氰化钾			

充分摇匀，室温放置 10min 后以空白管调零，在 510nm 波长处测定标准管和样品管的 OD 值，并记录。

3. 碱性磷酸酶 K_m 的测定

取干净的试管 9 支，按表 3-2 编号，并加入试剂。

表 3-2 碱性磷酸酶 K_m 测定 （单位：mL）

试管号	空白管	标准管	1	2	3	4	5	6	7
0.04mol/L 底物液	—	—	0.1	0.2	0.3	0.4	0.5	0.6	0.7
摇匀，37℃准确保温 5min									
0.01mol/L Tris-HCL 缓冲液（pH 值为 8.8）	2.0	1.0	1.9	1.8	1.7	1.6	1.5	1.4	1.3
0.01mg/mL 酚标准液	—	1.0	—	—	—	—	—	—	—
样品酶液	1.0	1.0	1.0	1.0	1.0	1.0	1.0	1.0	1.0
摇匀，37℃准确保温 15min									
0.5mol/L NaOH 溶液	1.0	1.0	1.0	1.0	1.0	1.0	1.0	1.0	1.0
0.3%（m/V）4-氨基安替比林溶液（AAP）	1.0	1.0	1.0	1.0	1.0	1.0	1.0	1.0	1.0
0.05%（m/V）铁氰化钾	2.0	2.0	2.0	2.0	2.0	2.0	2.0	2.0	2.0

充分摇匀，室温放置 10min 后以空白管调零，在 510nm 波长处测定标准管和各个样品管的 OD 值，并记录。

【设计指标与要求】

（1）观察指标 1。观察处理完的包含碱性磷酸酶的溶液颜色变化，并与标准管对照。如果样品管的颜色变红，提取物即为碱性磷酸酶，颜色越深，酶活力越高。

（2）观察指标 2。酶活力测定中，注意观察空白管的颜色，若显红色说明实验失败。

实验设计要点与注意事项如下。

关键步骤	技术要领	注意事项
离心分离	正确选择离心力，正确判断取上清液还是沉淀，同时准确计算加入有机溶剂的量。	离心时一定要平衡，有机溶剂一定要预冷。

关键步骤	技术要领	注意事项
酶活力测定	加入铁氰化钾溶液后应立即充分混匀，否则显色不充分。	底物液中不应含有酚，如果含有酚会使得空白管显红色，说明磷酸苯二钠已经开始分解，此时底物液不宜继续使用，否则可因底物浓度降低、酶反应不全而使得结果偏低。
K_m作图法	林贝氏双倒数作图法。	不同来源的酶所测定的K_m可能有所不同。

【项目报告与分析】

1. 记录实验过程和结果

对制备碱性磷酸酶的过程和结果进行描述记录，分析成败原因。

2. 酶活力的计算公式

$$酶活力 = （样品管\ OD/标准管\ OD）\times 0.01$$

3. 酶的K_m值计算方法

（1）计算各管的反应速度v。

（2）计算各管的底物浓度$[S]$。

（3）计算各管的$1/v$和$1/[S]$。

（4）以$1/[S]$为横坐标，$1/v$为纵坐标，在坐标纸上绘图，该直线在横轴上的截距为$-1/K_m$，计算出该酶的K_m值（图3-1）。

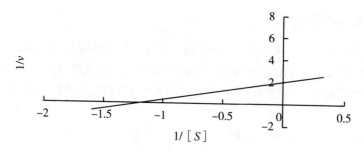

图3-1　碱性磷酸酶的K_m值测定曲线（示例）

【思考题】

（1）终止剂是什么？为什么加入铁氰化钾硼酸液后必须迅速混匀？有何影响？

（2）K_m值的定义和意义是什么？

（3）米氏方程表达式是什么，如何求出V_{max}和K_m？

（4）实验过程两次水浴保温，一次 5min，一次 15min，意义相同吗？有何区别？

项目三　系统机能综合实验设计
——反射弧的完整性是反射的结构基础

屈膝反射是一种保护性反射，它使肢体从伤害性刺激上缩回，以保护肢体不受伤害性刺激所损伤。反射的结构基础和基本单位是反射弧。反射弧包括感受器、传入神经、神经中枢、传出神经、效应器五部分。

感受器一般是神经末梢的特殊结构，是一种换能装置，可将所感受到的各种刺激信息转变为神经冲动。感受器的种类多、分布广，有严格的特异性，只能接受某种特定的适宜刺激，是位于动物体表、体腔或组织内，能接受内、外环境刺激，并将之转换成神经过程的结构。在本实验中指的是受刺激的坐骨神经。

具有从神经末梢向中枢传导冲动的神经称为传入神经。在本实验中指的是传递信号的所有的感觉神经。

神经中枢在灰质里，功能相同的神经元细胞汇集在一起，调节机体的某一项相应的生理活动，这些调节某一项相应的生理功能的神经元细胞群就称神经中枢，本实验中指的是脊髓神经中枢。

把中枢神经系统的兴奋传到各个器官或外围部分的神经称为传出神经。本实验中是指动物神经中的运动神经。

传出神经纤维末梢及其所支配的肌肉或腺体一起称为效应器。本实验中指的是肌肉和产生动作反应的肢体。

一些简单的机体反射只需通过中枢神经系统的低级部位就能完成，如本实验中将动物的高位中枢切除，而仅保留脊髓的动物所产生的各种反射活动即为单纯的脊髓反射。一个反射的基本过程可简单的描述为一定的刺激被相应的感受器所感受，使感受器兴奋；兴奋以神经冲动的方式由传入神经传向中枢；通过中枢的分析与综合、产生兴奋；中枢的兴奋又经传出神经到达效应器，使效应器的活动发生相应变化。如果中枢发生抑制，则使中枢原有的传出冲动减弱或停止。在实验条件下，人工的刺激直接作用于传入神经也可引起反射活动，但在自然条件下，反射活动一般都需经过完整的反射弧来实现，如果反射弧中任何一个环节中断或被破坏，反射就不能发生。

换言之，反射弧的任何部位受破坏，均不能实现完整的反射活动，反射的发生依赖于反射弧的完整性。因为反射过程是这样自上而下发生的，任何一个部分缺失都会产生不良的影响。

【设计目的】

通过反射弧的完整性是反射的结构基础实验，了解反射弧的组成，熟悉脊髓蟾蜍的制备，掌握反射弧的功能；探索感受器、传入神经、神经中枢、传出神经、效应器之间的关系。

【设计内容】

用蟾蜍分析屈肌反射以及反射弧的组成部分，探讨反射弧的完整性与反射活动的关系。

【训练材料】

1. 实验对象

蟾蜍 1 只。

2. 仪器与药品

（1）仪器。蛙类手术器械、金属探针、铁夹、刺激器、纱布、BL-420 生物机能实验系统、刺激输出线、刺激电极、铁架台、棉球、培养皿、小烧杯。

（2）试剂药品。0.5%硫酸、1%硫酸、林格液。

【训练步骤】

（1）取蟾蜍 1 只，用自来水冲洗干净。先用一块纱布包住蟾蜍的躯干，露出头部，再用解剖剪的一侧刀口插进蛙的上颌与下颌之间，在头部齐鼓膜后缘剪去头部（留下颌）。然后把蛙放在解剖盘中，使它仰卧，观察它能否翻身。如果它不能翻身，则脊蛙制备成功。如果它能翻过身来，说明脑还未除尽，则需进一步再向下剪去一部分，以便把脑除尽（或用探针再破坏残留的脑）。用铁夹夹住蟾蜍下颌，将其悬挂于铁支架上。用清洁水冲洗蟾蜍两下肢皮肤并用纱布擦干，然后进行下列各项实验。

（2）用 0.5%硫酸溶液分别浸沾蟾蜍左右后肢的足趾尖，观察双侧后肢的反应。之后，洗净后肢。酸对皮肤的刺激将引起屈膝的反射动作。在此反射的基础上，对此反射弧进行以下实验分析。

（3）用手术剪从右后肢最长趾基部环切皮肤，然后再用有齿镊剥除长趾上的皮肤（即去除皮肤对酸刺激的感受器），再用 1%硫酸溶液浸沾没有皮肤的长趾，观察屈膝反射是否出现。洗净长趾，然后，再用硫酸刺激该侧小腿环形切口之上皮肤完好的部位，观察屈膝反射是否出现。之后，洗净后肢。

（4）将一侧后肢的腹面向上，趾端向外侧反转，使足底向上，用固定针将标本固定在玻璃板下面的蛙板上。沿坐骨神经走向在右侧大腿背侧纵行切开皮肤，用玻璃针拨开肌肉，在股二头肌和半膜肌之间的沟内找到坐骨神经干。在神经下面放一条线，将其结扎。

（5）将保护电极勾住结扎线下端的坐骨神经，给予连续阈上刺激观察发生的反应，观察屈膝反射是否出现。

（6）用探针刺入椎管内，用手指捻动着上下移动，捣毁脊髓。然后，再连续电刺激坐骨神经，观察是否出现屈膝反射。

（7）剪开小腿部皮肤，找到腓肠肌及坐骨神经外端，用连续电刺激坐骨神经外端及右侧腓肠肌。观察是否出现屈膝反射。

（8）BL-420生物机能实验系统记录刺激信号传递的时间和信号的强弱变化。

【设计指标与要求】

（1）观察指标1。结扎坐骨神经后，连续刺激坐骨神经没有有屈膝反射。

（2）观察指标2。破坏脊髓后，再刺激坐骨神经没有屈膝反射。

（3）观察指标3。刺激坐骨神经外端及右侧腓肠肌没有屈膝反射。

实验设计要点与注意事项如下。

关键步骤	技术要领	注意事项
蟾蜍的捉拿	轻捉轻放。	神经不能用镊子等夹持。
捣毁脑组织	齐鼓膜后缘剪去头部。	太高可能保留部分脑组织而出现自主活动，太低会影响反射的引出。
剥离小腿皮肤	足趾尖不能残留皮肤。	残留皮肤时，硫酸刺激仍会引起屈腿反射。
浸入硫酸的部位	仅限于足趾尖。	不要浸入过多，每次浸泡的范围也应恒定。
硫酸刺激后	应及时用清水洗去皮肤上残余的硫酸并用纱布擦干以免稀释硫酸溶液。	皮肤上残余的硫酸会灼伤蟾蜍皮肤，影响实验效果。

【项目报告与分析】

（1）对观察结果进行描述记录。

（2）分析成败原因。

【思考题】

（1）用本实验所观察到的现象说明反射弧的5个部分在反射活动中的作用是什么？

（2）在不损坏反射弧结构的前提下，用什么方法可以使机体在受刺激时不发生反射活动？

（3）剥去皮肤的后肢能用自来水冲洗吗？为什么？

参考文献

陈佛痴，1980. 组织学实验技术［M］. 北京：科学出版社.

陈守良，2013. 动物生理学［M］. 4 版. 北京：北京大学出版社.

侯春林，钟贵彬，谢庆平，2006. 人工反射弧重建脊髓损伤后弛缓性膀胱排尿功能的临床初步报告［J］. 中华显微外科杂志（2）：92-94.

侯春林，衷鸿宾，张世民，2000. 建立人工膀胱反射弧恢复脊髓损伤患者排尿功能的初步报告［J］. 第二军医大学学报（1）：87-89.

金天明，2012. 动物生理学［M］. 北京：清华大学出版社.

李璐，2012. 石蜡切片制作的注意事项［J］. 临床合理用药，5（1C）：107-108.

李庆章，2015. 动物生物化学实验技术教程.［M］. 北京：高等教育出版社.

林辉，1992. 猪解剖图谱［M］. 北京：农业出版社.

刘俊才，陈宣世，柴利，等，2011. 常规石蜡组织切片中的常见问题分析及处理［J］. 临床与实验病理学杂志，27（5）：559-561.

史凌云，周婷，徐成，等，2014. 正交实验法对碱性磷酸酶活性测定的优化［J］. 生物学通报（7）：50-53.

王丙云，2014. 动物机能学实验教程［M］. 广州：华南理工大学出版社.

王月影，朱河水，2011. 动物生理学实验教程［M］. 北京：中国农业大学出版社.

张恩平，2012. 动物生物化学实验指导［M］. 北京：中国农业出版社.

赵小峰，2013. 碱性磷酸酶分离纯化和比活性测定实验的优化［J］. 生物学通报（1）：45-47.

赵荧，唐军民，2008. 形态学实验技术［M］. 北京：北京大学医学出版社.